[美]苏珊·福沃德，唐娜·弗雷泽 著 杜玉蓉 译

Susan Forward, Ph. D. Donna Frazier

后浪出版公司

Emotional Blackmail
情感勒索

四川人民出版社

目录

序言 | 1

第一部分

情感勒索的来龙去脉

第一章 ᴴ **诊断：情感勒索** **16**

六项致命特征 16

声明原则的权利 20

两种截然不同的处理方式 23

真正的动机 26

从变通到坚持 27

第二章 ᴴ **勒索的四种形态** **31**

施暴者 32

自虐者 40

悲情者 44

引诱者 47

情感勒索的影响力 51

第三章 ᴴ **恐惧感、责任感与罪恶感** **52**

恐惧感 53

责任感 60

罪恶感 65

三感交织 68

不会停止的勒索 69

当正常的罪恶感失去控制 70

迷惘与困惑 71

第四章 ▸◂ **制造迷雾的四大手法 72**

二分法 72

病态化 77

联合阵线 84

消极比较 86

第五章 ▸◂ **情感勒索者的内心世界 90**

挫折的联想 90

从挫折到一无所有 91

失落感与依赖性 92

错综复杂的原因 93

当危机成为催化剂 95

完美生活的缺陷 96

亲密的陌生人 98

自我中心 99

小题大做 100

丢了西瓜捡芝麻 103

惩罚的好处 104

降低损失 105

好为人师 106

旧冲突的新受害者 108

维持亲密关系 109

问题不在你 111

第六章 ▸ **受害者的特质　112**

情绪键　113

易受情感勒索控制的人　114

追逐认可者　115

和平主义者　119

自责者　123

圣母心　127

自我怀疑者　131

平衡问题　133

你正在培养情感勒索者　134

自我勒索　137

写在最后　138

第七章 ▸ **情感勒索的影响　139**

对自尊的影响　140

对幸福感的损害　144

牺牲他人，安抚勒索者　146

对关系的影响　148

▷ 改变的时刻到了　154

▷ 一步一步，终结噩梦　155

第八章 ▸ **课前准备　157**

第一步　157

扭转轻易妥协的行为模式　160

SOS 策略　163

第二部分

化知识为行动

3

步骤一：停下来   163

步骤二：冷静观察   173

第九章 ▸◂ 做决定的时刻 180

三种类型的要求   180

无关紧要的要求   181

可能影响自我完整性的要求   186

重大决定   191

第十章 ▸◂ 制定策略 205

策略一：非防御性沟通   206

策略二：化敌为友   220

策略三：条件交换   224

策略四：运用幽默   228

成果评估   230

你会更强韧   233

第十一章 ▸◂ 冲出迷雾 234

面对旧感觉，做出新回应   234

解除恐惧键   236

解除责任键   247

解除罪恶键   251

尾 声 ｜ 262

出版后记 ｜ 266

序 言 情感勒索让我们透视关系中的问题

　　我跟老公说，准备每星期抽出一晚去上课，结果他马上就用那种看似平静的方式回应。"你想做什么就去做呗，反正你一直这样。"他告诉我，"但别指望我会在家里等你回来。每次都是我等你，为什么不是你在家等我回来？"我知道他说的话没什么道理，但他让我觉得自己太自私了，所以我取消了原先的进修计划。

——丽兹

　　我本来计划圣诞节假期和老婆一起去旅行，我们已经期待了好几个月！我打电话告诉我妈我们总算买好票的消息，她一听竟然哭了起来。"那圣诞晚餐怎么办，"她说，"每个人这天都要跟全家团圆的，如果你去旅行不回家，等于毁了大家的节日嘛！你怎么可以做这种事，我还剩下几个圣诞节可以过啊？"所以，最后我们根本没去成，老婆简直想杀了我。但是在强烈罪恶感笼罩下，我实在不可能玩得好。

——汤姆

　　我曾经试图告诉老板，现在进行的这个大案子非常需要人手，要么就多给我一点时间，但只要我一提这件事，老板就会说："我知道你想回去陪伴家人。即使他们现在很想念你，将来他们看到你升职加薪会很高兴的。我们需要一位将全身心奉献给工作的团队成员——我认为你之前的表现正符合这个要求，但如果你想要多陪陪孩子，你就去吧。不过你得记住：假如你这么做的话，我们就要再考虑考虑你的升职计划了。"我完全不知道现在该怎么做了！

——金

这到底是怎么回事？为什么有些人总是让我们觉得："我又失败了！""我又半途而废了！""我又没说出自己的想法！""为什么我总是没法表明自己的立场，也没法坚定自己的立场？"其实，每个人都遇过这种状况。我们会感觉受到挫折，会怨天尤人，我们放弃自己的梦想去取悦别人，却对这种情况束手无策。为什么有些人就是能在情感上轻易地控制我们，让我们觉得挫败感油然而生？

在这类毫无胜算的情境中，我们面对的这些人都是非常有技巧的控制者。在一种让我们觉得备受呵护的亲密关系中，他们得到了想要的东西，但是为了达到目标，也常让我们倍感威胁。而且，即使最后未能逼我们就范，他们还是会让我们被罪恶感和自责压得喘不过气来。听起来好像这些人为了从我们身上获得想要的东西，已经挖好了洞等我们跳进去，但其实，有很多人对自己这种行为毫无自觉，有些人甚至看起来就是一副甜美可人或是可怜兮兮的样子，似乎一点威胁性都没有。

通常，这类控制者的地位会很特别——像是合伙人、父母、兄弟或是朋友——他们对我们生活的有力控制，已经让我们失去了成人应有的能力。我们生活中的其他部分可能非常成功，但只要一面对这些人，我们就会感觉困惑和无力。就像孙悟空被困在如来佛的手掌心一样，我们也遇到了相同的困境。

拿我手上的个案为例吧。莎拉在法院工作，和一位建筑师弗兰克恋爱差不多有一年了。他们都三十多岁，而且感情十分稳定，但一谈到结婚的话题，气氛就完全变了样。莎拉说："他对我的态度会产生一百八十度的大转变，似乎要我证明些什么。某个周末，弗兰克邀莎拉到他的山中小木屋度了一次浪漫的假期后，一切才真相大白。"当我们到达小木屋时，地上堆满了油漆罐，他顺手就递了把刷子给我。我不知道除了刷油漆外，我还能做什么，所以我刷了起来。"他们工作了一整天，大部分时间两人都一语不发。等到终于能坐下来喘口气时，弗兰克递了一枚订婚大钻戒给莎拉。

"我问他：'这怎么回事？'他说，这都是为了看看我是不是个有气度的人，是不是结婚后还是会努力做好分内的事，不会什么事都推给他做。"当然，这个故事还没结束。

> 我们定了结婚日期，其他事情也都安排妥当了，但我们的关系却像溜溜球一样忽上忽下。他还是会送我礼物，却也会不断测试我。如果某个周末我不想帮他姐姐带孩子，就会被指责没有家庭观念，他会说，干脆取消婚礼算了。或者，如果我想扩展业务的话，他就会觉得我根本没有将彼此的承诺放在心上，所以我当然将这事放下了！这种事不断发生，而且最后都是我让步。我告诉自己，他是一个很棒的男人，也许他对结婚这件事有点恐惧，只是想从我这里多获得一点安全感吧！

弗兰克带来的威胁是无声的，影响力却十分巨大，因为它往往遮蔽了真相。而且大多数人都像莎拉一样，会选择继续留在弗兰克身边。

莎拉会不断遭受弗兰克操控，是因为在那个时候，让他开心似乎是必要的，但这样做却是危机重重。跟很多人的反应一样，莎拉在弗兰克的威胁下也会感到愤恨和挫败，但她却认为这样低声下气地屈服才能获得表面的平静。

在这种关系中，我们把焦点放在另一半的需求上，却牺牲了自我需要，而且以为这样的让步都是为双方着想，自顾自地陶醉在这看似安全的幻境中。我们已经想办法避免了冲突和对立——这才是一段健全关系得以继续发展的契机，不是吗？

几乎在每段人际关系中，这类让人苦恼的互动情况都常常是造成双方摩擦的主要原因，但是很少有人能仔细分辨并了解它们。这种一方意欲掌控另一方的状况，常被理解为"沟通不良"。我们会告诉自己："我靠感觉，而他则靠理智行动。"或是："她只是想法和我不同罢了。"但事实上，摩擦的根源并不只是沟通方式不同，而是一方希望凡事都按自己的方式来，却因此牺牲了另一方的利益。这可不是单纯的沟通不良而已，而是双方力量的较劲。

因此，我一直在寻找一种方式，希望可以描述这种互相较劲的力量拉锯，及其导致的种种令人困扰的行为。我认为，这种行为就是勒索，是一种"情感勒索"，但大家几乎都认为这成了一项指控。

我知道"勒索"这个词夹杂了一些犯罪、恐惧及敲诈的邪恶意象，要把这种消极印象加在另一半、父母、上司、兄弟姐妹或子女身上确实不太容易，但我发现它是唯一能精确描述这种状况的用语。这个词的尖锐性一针见血地刺穿了笼罩在亲密关系上的消极特性，如否定和困惑等，以便我们真正透视一段关系的问题所在。

我要向各位读者保证：一段亲密关系中有情感勒索的要素存在，并不代表这段关系已经被判定为失败，而是表示我们需要更诚实地面对并改正这种造成自身痛苦的行为模式，让所有的亲密关系都能回归更稳固的基础。

何为情感勒索

情感勒索是控制行动中一种最有力的形式。我们身边的亲朋好友会用一些直接或间接的手段勒索我们，我们如果不照他们的要求去做，就有苦头吃了。所有勒索的中心都是最基本的威胁、恐吓，它会以许多不同的面貌出现，像是"如果你不照我的方式做，你肯定会不太好过"。一名勒索犯可能会威胁要揭发被害者的过去、毁了他的名声，或是要求被害者支付一笔钱以保住某个秘密。但是，情感勒索更能深切击中我们内心的要害。这些"情感勒索者"了解我们十分珍惜与他们之间的关系，知道我们的弱点，更知道我们心底深处的一些秘密。不论他们多关心我们，一旦无法达成某些目的，他们就会利用这层亲密关系迫使我们让步。

因为我们需要得到关爱与认可，这些勒索者甚至会威胁要控制和剥夺这些，或是闹到我们心力交瘁。比如说，你为自己慷慨又善解人意而自豪，但只要稍不顺从勒索者的意思，他们就会给你贴上自私自利的标签；如果你非常重视金钱和安全感，这些人能让你拥有这一切，也能让你一无所有。你如果相信他们，就等于被控制了所有的决定和行动。

我们被迫与勒索共舞，却无法跳好舞步，也看不透舞伴的心思。

情感勒索的迷雾

为什么这么多聪明、有能力的人，总是在寻找了解情感勒索的方法？主因之一就是：我们根本无法看清情感勒索者的手法，他们的行动仿佛笼罩在一层浓雾当中。如果可以，我们一定会反击。但问题就是，我们根本没有察觉到加诸自身的这些手段。在这里，我用"迷雾"（FOG）这个词来表示情感勒索行为造成的迷惑状态，也用来说明其作为一种手段的作用。这个词其实是由三个不同单词的首字母组成的：恐惧（Fear）、责任（Obligation）及罪恶感（Guilt），这些要素也是勒索者为达到其目标而采用的工具。他们会将"迷雾"以排山倒海之势灌进一段关系中，让我们根本不敢逾越他们的意思，只得乖乖顺从，而且无法达到他们的目标时，我们还会感到无以名状的罪恶感。

要拨开这重重迷雾，看清勒索者强加给我们的一切——即使已是过去式——是很不容易的。因此，我经过研究，列出以下清单，有助于你分辨自己是否已成了他们的目标。

想想那些对你意义重大的人，你们的关系中是否出现过以下现象？

- 如果你不照着做，他们便威胁要让你日子难过。
- 如果你不顺从，他们便威胁要断绝往来。
- 如果不照着他们的意思去做，他们会直接告诉你或暗示你，他们觉得被忽视了，感到沮丧或深受伤害。
- 不论你付出多少，他们总是要求更多。
- 他们通常都假设你一定会让步。
- 常常漠视或看轻你的感受和需求。
- 对你做了许多承诺，却常食言而肥。
- 当你不让步时，他们就会说你是自私、邪恶、贪婪、没心肝的人。

- 当你承诺要让步时，不管你说什么他们都会答应。如果你绝不退让，他们就马上翻脸。
- 将金钱当作逼你让步的利器。

只要以上任何一项的答案是肯定的，那么你已经受到情感勒索的折磨了。但我保证，还是有很多办法能马上改善你的处境和感受的。

拨云见日

在做出任何改变之前，我们需要明确自己与情感勒索者的关系。首先，把灯打开。想要终结这段遭受控制的过程，这个步骤很重要。即使我们努力想要驱散这层迷雾，勒索者还是不会收手。近几年来，在处理迷雾问题时，我们已经发展出许多有关情绪、精神状态和动机的缜密分析。我们发现在这种状态下，感官神经会遭到抑制，原本能引导情绪的精密感应器全部失灵。这些勒索者能巧妙地遮掩施加在我们身上的压力，经常让我们怀疑是不是自己太敏感了。此外，他们普遍认为自己的所作所为都是出于善意与体贴，与他们的实际作法完全不同。这一切都让我们困惑、茫然并极度不满。但我们不寂寞，有好几百万人都遇到了这种困境。

你可以从本书的案例中看到，许多人也正在与这群情感勒索者搏斗，鼓舞人心的是，你将会找出解决办法。本书中的案例都是真人实事，也许你对他们的状态非常熟悉——工作能力强、作风优雅、行事高效的一群人，却掉进了勒索的陷阱。如果你能敞开心胸，就能更了解他们，他们的故事就像是一则则现代寓言，可以作为未来生命旅途的指引。

一个巴掌拍不响

本书前半部分会告诉你情感勒索是如何运作的，以及为什么有些人竟然会对此毫无招架之力。我会详细说明情感勒索的"交易状况"、双方的需求以及最终结果，也会剖析勒索者的心理状态。这项工作会让人感到相当气馁，因为并不是每个勒索者都有相同的行为模式或性格特质。有人消极，有人积极；有人直截了当，有人心思细腻；有些人会把丑话说在前头，有些人却表现出苦口婆心为你好的样子。不过，不论外在行为差异有多大，还是有一些造成他们以控制他人生活为乐的共通心理特质。我会说明这些情感勒索者是如何使用迷雾和其他工具的，以及他们的动机为何。

我还会分析"恐惧"——恐惧失去，恐惧改变，恐惧遭到拒绝，恐惧无法掌控——何以成为所有勒索者的一项共通特质。对某些勒索者来说，这些恐惧是因为长期感到忧虑及某些资源的匮乏。也有一些人是因为丧失了安全感及自信心，为了抵御不确定感和压力的侵蚀，才催生了这样的产物。我之后会解释在恐惧逐渐进驻他们的生活时，勒索恐吓的念头日渐浮出的过程。如失恋、失业、离婚、退休及生病等突发事件，都能轻易地将你的至亲好友变成一名情感勒索者。

这些使用情感勒索手段的亲友，很少是存心要勒索我们的，他们只不过想借此寻求安全感及掌控权。不论外表看起来多有自信，他们内心其实是非常焦虑的。

但当我们完全听从勒索者的要求时，他们就会觉得自己极有影响力，这时情感勒索就成了他们抵御伤害和恐惧的最佳利器。

受害者扮演的角色

然而，如果没有我们的"一臂之力"，情感勒索根本无法存在。要谨记，"你情我愿"绝对是情感勒索的重要元素——毕竟，这可是一场交易。下一步，就来看看我们为这些勒索目标做了什么"贡献"。

每个人都会把一些激烈的情绪，如怨怼、悔恨、缺乏安全感、恐惧、气愤等，带进每段亲密关系中——这些就是我们的"痛处"。只有当赤裸裸地将痛处暴露在别人面前，情感勒索的手段才能奏效。通过本书，我们将明白那些让"痛处"更痛的情绪反应，是如何由生活经验塑造出来的。

人类的行为哲学从早先的"视自我为受害者"，进化为"鼓励自我对生活及出现的问题负起全责"，这无疑是个令人惊喜的成长。这个观念在情感勒索的领域中更具有重要地位。如果把重点放在别人身上，想着如果对方改变，事情就会好转，这其实很容易。但我们真正需要的是了解自我的决心与勇气，以及与潜在情感勒索者相处方式的改变。我们虽然不想承认，但正是因为我们的不断让步，勒索者才掌握了达成自己目的的方法。屈服鼓励了他们，不管是有意还是无心，都让他们找出了能对被勒索者予取予求的最佳方法。

受害者付出的代价

情感勒索就像藤蔓，它们卷曲的绿须不断地在我们的生活中蔓延。如果我们在工作上对这些情感勒索者让步，回家后就可能把气撒在孩子身上。或者，如果我们和父母的关系不好，也可能在与工作伙伴的相处模式上出问题。我们不可能将所有不快情绪都放进一个贴着"上司"或"丈夫"标签的盒子里，而让生活的其他部分都与这些情绪绝缘。我们反而可能复制这些令我们痛苦的行为，走上与他们相同的道路，也成为一名情感勒索者，将我们遇到的挫折转嫁到一些弱者身上。

很多使用情感勒索手段的人，都是我们想维持和加强感情联系的朋友、同事甚至是家人。我们愿意与他们共享生命中的美好时刻，也愿意与他们共创亲密关系，甚至可能还自以为我们关系良好。但这美丽的想象，却往往会被情感勒索者打破。重要的是，不要让情感勒索的习惯困住我们和我们周围的朋友。

如果一直对勒索者让步，我们将付出十分巨大的代价。他们的用语及行为会让我们感到失衡、羞耻和深深的罪恶感。我们知道应该改变这种倾向，也不断发誓要采取行动，最后却还是会掉入情感勒索的陷阱。最后，我们开始怀疑自己到底能不能信守承诺，也对自己的效率丧失了信心。我们的自我价值感会慢慢地遭受腐蚀。最坏的结果可能是，每次让步后，指引我们决定生命价值及行为的内心指南针却离我们越来越远——我们再也不是一个完整的个体了。虽然所谓的情感勒索并不能算是罪大恶极的暴行，但我们也不能轻忽它的影响力。只要我们和情感勒索扯上关系，它就会一步步将我们蚕食，最终危害我们最重视的亲密关系及自尊心。

化知识为行动

我成为心理治疗师已经超过 45 年了，在这不算短的时间里，我曾使用许多方法，治疗过好几千人。如果要我对这些经验做出一个前后一致的概括性说明，我会说，"改变"是最令人害怕的一个词。没有人喜欢改变，几乎每个人都对它心存畏惧。大部分人，包括我在内，都想尽量避开它。这样的想法也许是造成我们悲惨生活的原因之一，但想把每件事都做得与众不同，绝对是个错误。

不管是基于个人认定还是专业考量，我还能肯定一件事，那就是如果不改变行为模式，我们的世界不会有什么不同。光有想法并不会激起任何改变，就算我们知道不该做出那些自我毁灭的行为，这种想法仍然不能阻止我们的行动。不断地唠叨或祈求另一方改变是不会奏效的，我们必须有所行动，必须率先朝着新方向勇敢迈进。

更多新选择

我所有的著作都以解决方案为主。同样，本书第二部分将一步步带领读者认识可用来应对情感勒索的诸多选择。我们通常都以为方法很有限，但其实可选方案远比我们知道的多，这也赋予了我们更多力量。我将告诉你一些即使在心怀畏惧的情况下，面对情感勒索时仍能出其不意的制胜策略，而且绝对会让你心情舒畅无比。我还会提供一些检查表、简单的测验、实用的套路以及一些非防御性的沟通技巧。这些都是过去25年来我不断教给患者并从反馈中改进的技巧，绝对有效。

还有一点很重要，我也将引导你们明确在与情感勒索者较量时，如何安然应付一些有关伦理、道德及心理方面的重要问题，如：

- 怎样才算自私？何时我才能忠于自己的欲求及渴望？
- 我该让步多少才不会感到悔恨和沮丧？
- 如果我屈服于情感勒索者，是否违背了自我？

我会给你一些工具，让你自行决定该何时对他人负责，又该何时放手——这也是帮助你摆脱受控制困境的关键之一。

本书最大的亮点就是，它能减少勒索者强加于你的罪恶感。当你开始改变自我行为模式以摆脱莫须有的罪恶感时，我也会告诉你如何舒缓这份无法避免的不适。只要你以更健康、更能自我肯定的方式来行动，原先的罪恶感就会消失无踪；一旦罪恶感销声匿迹，勒索者自然也就无足轻重了。

我将一路陪你度过这段人生的重大转折期，让你不再屈服于情感勒索者的所有要求，而能在考虑到自身需求的前提下，做出清醒、积极的决定。

在帮助你抵挡情感勒索的同时，我也要引导你决定是不是每个状况都值得你怒不可遏——有时候，对勒索者言听计从未尝不是一个聪明的做法。另外，也许你不敢相信，在一些特例中，最健康的方式竟是和勒索者断绝关系。我也会说明如何在其他方式都无效时搬出这个撒手锏。

我们掌握了一些认知及行为准则，终于能从勒索者日渐衰弱的控制中解脱时，将会释放出更多的活力与能量。"我终于能跟男朋友说不了，而且明白了他的要求是不合理的。"我的一名患者玛姬这样对我说，"我没有伤害他，即使他装得好像受了伤一样。这是我第一次丝毫没有感到自责，也没有在10分钟后拨电话给他，请求原谅或是让步。"

这本书是为了那些想与另一半、父母、同事或朋友保持更密切关系，却又受困于他们层层控制之下的读者所写的。

请各位读者了解，即使我没办法亲自陪各位一路走下去，我仍然会支持你们进行这些可能有点艰难，但绝对会改变生活的行动；我也会帮助各位建立崭新而健康的关系——不论是针对生活中的情感勒索者，还是看待你自己。

面对情感勒索，真的需要很大的勇气，而本书会赋予你勇气。

情感勒索的来龙去脉

第一章

诊断：情感勒索

情感勒索的世界是很令人困扰的。有些勒索者的意图显而易见，有些则混沌不明，他们经常看起来很和善，只在某些时候祭出手段。因此，想在亲密关系中看清这股控制力，就更加困难了。

当然，有些霸道、不拐弯抹角的情感勒索者会直接亮出他们的恐吓，明白告诉你不照着做的后果："如果你离开我，就别想再见到孩子了。""如果你不支持我的计划，我就不给你写推荐信，直到你点头为止。"他们的威胁清楚明确，意图一清二楚。

然而，大部分情感勒索却是很难察觉的，而且常出现在那些看似和谐、美好的关系中。我们知道对方最美好时刻的模样，以往的愉快记忆也掩盖了似乎有些不对劲的感觉。直到情感勒索的阴影渐渐浮出水面，悄悄地越过了原先的安全界线；之前尚能接受的相处模式逐渐改变，开始夹杂了一些不得不为之的妥协。

在我们将某人的行为归类为情感勒索之前，我们需要先审视几项要素，就像医生为病人诊断时需要先确诊病征一样。以下是一对亲密情侣的例子，但这类冲突的表现同样也适用于朋友、同事及家人之间。适用对象也许不同，但是技巧和方法是一样的，而且非常容易辨识。

六项致命特征

我认识一对年轻情侣吉姆和海伦，他们在一起已经一年多了。海伦在社区大学教授文学，有着一对棕色大眼睛和迷人的笑容。她是在派对上经人介绍认识吉姆的，而吉姆看起来也挺讨人喜欢，他又高又斯文，还是一位成功的作曲家。他们两人曾经一起度过了许多美好时光，但是海伦觉得以前和吉姆相处时的那股轻松自在似乎已经渐渐消失了。事实上，他们的关系正一步步进入情感勒索的六个阶段。

为了让读者了解情感勒索的六个阶段，我们不妨先来看看海伦与吉姆间的冲突状况。有些特征解释了吉姆的行为，有些则能说明海伦的反应。

一、要求

吉姆想从海伦身上得到一些东西。他对海伦说，反正每天在一起的时间这么长，干脆住在一起算了。"我等于已经住在这里了，"吉姆告诉海伦，"不如真搬进来吧！"海伦的公寓很大，吉姆放在这里的东西已经占了一半空间，所以吉姆强调，这不过是一次简单的搬迁罢了。

有时候，情感勒索者并不会像吉姆一样，表现得这么光明磊落——即使他们的用心昭然若揭，我们也不一定能察觉。吉姆也可能会间接地表达，比如参加朋友婚礼后故意表现得闷闷不乐，诱使海伦主动对他说："我希望我们的关系能更进一步，因为有时候我也会觉得很寂寞。"最后，吉姆再趁机说，他想搬进来和海伦一起住。

乍看之下，吉姆的提议非常体贴，一点都没有要求的意味。但不久后海伦就会发现，他纯粹是为了达到自己的目的，而且不容许有丝毫讨论和改变的余地。

二、抵抗

海伦对吉姆要搬来一起住的提议不太开心，于是很明白地告诉吉姆：她对两人关系的转变毫无心理准备。海伦很在意吉姆，但也希望能拥有自己的空间。

如果海伦是比较委婉的人，可能会用其他方式来表达不悦。她或许会变得对吉姆漠不关心，或是告诉他屋里要重新粉刷，所以他得把东西全都搬走直到完工。不管如何，海伦会很清楚地表达出本意，答案是"不"！

三、施压

当吉姆看见海伦的反应出乎预料时，他并不会试着考虑海伦的感受。相反，他会逼海伦改变心意。一开始，吉姆会表现得好像很愿意和海伦讨论这件事。但是，讨论过程中他完全坚持己见，最后还训诫了海伦一番。她的反对，竟被吉姆说成是个性有缺陷，而且他还将自己的欲望和需求说得光明正大："我只是想做一些对我俩最好的决定，也想给你最好的。两个人相爱时就会想共享彼此的生活，为什么你却这个样子？如果你不这么自我中心，就会愿意多向我敞开一点心胸。"

然后他话锋一转："难道你对我的爱，还没有强烈到要我时时刻刻陪伴在你身旁的程度吗？"还有一种勒索者会用来转移压力的手段：坚持说如果他能搬进来，彼此关系将有所改善，也会更亲密。不管是哪种勒索者，即使看起来是为了你好，都绝对会使出"施压"这个手段。像吉姆，不就让海伦觉得自己这样拒绝对他造成了很大的伤害吗？

四、威胁

在吉姆不断想瓦解海伦城墙般的抵抗意志时，他会让海伦知道，如果不顺从他，会有什么后果。在这种情况下，情感勒索者可能会威胁要让我们痛苦与不快，因为我们让他们非常不好过。他们会撂下一些让我们不安的话，或是用"如果你能听我的，我会更爱你"之类的话来诱惑我们。吉姆就是这样对海伦说的："交往这么久，如果你还是不能对我做出承诺，也许我们该给彼此多一些认识别人的机会。"虽然他没有直接表示要结束这段关系，但海伦可是将这段话中话全都听进去了。

五、屈服

海伦当然不想失去吉姆，所以她告诉自己，虽然还是觉得有点不妥，但也许真的不该拒绝让吉姆搬进来。之后，她再也没有和吉姆深入谈过自己的想法，而吉姆也没有任何打算为她考虑的迹象。几个月后，海伦不再坚持，吉姆也就堂而皇之地住进海伦家了。

六、重启

吉姆得逞了，两人的争执暂告一段落。现在，吉姆搬进了海伦家，不再对海伦施压，他们的关系似乎也渐趋稳定。虽然海伦还是对事情的进展有点不开心，但能摆脱吉姆的不断施压，并重新赢得他的爱与尊重，的确让她松了一口气。对吉姆来说，向海伦施压、让她觉得有罪恶感，成了他达到目标的必经途径。海伦如果想以最快的方式结束吉姆的苦苦相逼，就只能让步。他们的相处模式已经成形了：施加压力，然后一方屈服。

以上就是情感勒索的六个阶段。稍后，我们会回到这个主题上，做更深入的探讨。

我们为何对情感勒索视而不见？

以上这些致命特征都非常明显，而且十分恼人，你一定认为它们出现时绝对会让人心中警铃大作吧？但事实上，在被它们掐住脖子之前，我们就已经深陷其中而不自知了。会发生情感勒索的部分原因，是我们常用也常遇到的一种极端行为——控制。

其实控制并不完全是消极的。我们有时候也会对别人撒下控制的大网，或是被逼着去做某些事，像是在玩一种随心所欲操控别人的游戏。像我就常说"哦，真希望有人能帮我把窗户打开"而不是"请你替我开个窗好吗"。

对许多人来说，想直截了当地表达一些无关紧要的需求已经很困难了，而在危机四伏的时刻提出意义更加重大的要求则更令人难以启齿。为什么不开口呢？因为这可是很冒险的。如果被对方拒绝了怎么办？很少人会让别人对自己的需求了若指掌，因为这会让人产生一种恐惧感：如果我们直截了当表达出需求，却惹得对方一肚子火——更糟的是被断然拒绝——该怎么办？不如我们委婉地透露自己的要求吧，即使被拒绝，感觉也不会那么糟，是不是？起码我们理性地排解掉了那种令人不快的感受。

此外，不直接提出要求，看起来也不是那么咄咄逼人。用较婉转的方式来向周围的人提出暗示，让他们了解我们的言外之意，其实是比较容易的。

有时候我们甚至连话都不用说，只要用一些明显而细腻的暗示：一声叹息、一个噘嘴的动作、一些让人看了便了然于胸的暗示手法，就能成为获利的一方。但是，在这些日常生活中所谓的“控制”变得有伤害性之前，必然会有一个清楚的转折点。当有人用控制手段持续支配我们，使我们必须对其有求必应，不得不牺牲自己的需求及人格时，情况就变成了情感勒索。

声明原则的权利

我们谈到情感勒索时，自然会提到冲突、力量和权利。当一方提出要求，另一方却不答应时，该怎么办？一方施加的压力，什么时候才算过火？我们如今强调的表达自我感受和声明原则的行为，其实与情感勒索之间存在一个模糊地带。要谨记，不要把每一次冲突或激烈争论，尤其是针对双方权利和义务的原则性声明，都当成情感勒索。

为了帮助读者更清楚地分辨其中差异，我会说明合理声明原则的几种情况，以及它们是如何转变成情感勒索的。

不属于勒索的情况

不久前，我的朋友丹妮丝卖出了一本花了将近一年才完成的摄影作品集。因为这件事，她和朋友艾米之间也发生了一些事。艾米是她以前在广告公司的同事，现在也跟她一样当起了自由工作者。丹妮丝觉得，艾米对她耍了些情感勒索的手段。

以下是丹妮丝告诉我的故事。

> 一开始，我们俩就无话不谈，甚至会花上几小时讨论自己手上项目的甘苦，还有合作公司缩减业务给我们的生活带来的挑战——因为我们原本都会接些大公司的项目，最近却有明显减少的趋势。我们谈了很多面对这种状况时的恐惧，也会互相加油打气一番。但是，只要我一告诉她有关这本摄影作品集的事，我们之间那股亲密战友的气氛就消失殆尽了。
>
> 刚开始她看起来很为我高兴，但不久后，她打电话来告诉我："老实说，我有点嫉妒你，我现在也工作得很卖力，却没有什么回报。如果你能暂时不提你的工作和你现在有多兴奋的话，我会非常感激的——那可是我的痛处啊！"我答应了。所以，我们现在转变话题，改谈她的工作了。
>
> 现在，只要我一谈到那本书，我们的对话就会戛然而止。她会说："不谈这件事，对我们彼此都好。"这让人觉得很压抑。但我非常喜欢她，所以我还是试着按照她的规矩来。

乍看之下，艾米逼着丹妮丝按照她的方式去做，并且完全控制了双方的对话走向。对丹妮丝来说，这一定很不好受。但事实上，艾米只是忠实地表达了自己的感受；而且为了自己好，她设定了她能忍受的范围——到底能听丹妮丝报告工作成就到什么地步。艾米绝对有权这样做。

会因为其他同伴已达成目标而感到嫉妒的只有人类，尤其是对那些自己尚无法达成的目标。有时候，如果我们像艾米一样想避开某些话题，我们有权在话题上强调自己的原则。当然，如果丹妮丝对于艾米设下的限制感到不悦，她也有权表达出来，或是少跟艾米来往。

所以，不管丹妮丝接不接受艾米的要求，艾米都不会对她造成任何威胁。她们之间没有所谓的"压力"存在，只是需求和感受的陈述罢了。没错，这样的确造成了冲突，丹妮丝也对彼此关系的转变感到不悦，而且其中更有一些强硬的力量在运作，但是这和情感勒索完全扯不上关系。

一旦越界

现在，如果在相同的情境里加上情感勒索的要素，可就完全不一样了。我们假设艾米听了丹妮丝的好消息后的反应是这样的："听到这个消息真让人高兴啊！从现在开始，你的工作量一定会大增——如果这个案子我们能分工合作，那一定很棒吧！我还可以当你的左右手呢！"

丹妮丝婉拒了艾米的建议后，艾米又说话了："我还以为我们是朋友呢。我现在的情况你又不是不知道，跟罗杰分手已经够让我难过了，那笔数目不小的税款更让我雪上加霜，我已经沮丧到几乎没办法工作了。我还以为你是那种会在朋友有难时伸出援手的人呢。"

如果这样还不能逼丹妮丝就范，艾米会转而从丹妮丝"不够慷慨"下手。"就算分给我一点好运气，你也不会少一块肉嘛。"她继续说，"如果今天赚到钱的人换成我，我也会对你很大方的。"她开始给丹妮丝贴上"自私"和"贪心"的标签，并不断强调自己的处境有多艰难。如果不能成为丹妮丝的助理，她们连朋友也当不成了。最后，丹妮丝只好答应艾米的要求。

情感勒索的所有要素都包含在以上这个场景中：要求、抵抗、施压、威胁和屈服，而且这种情况将不断再现。

两种截然不同的处理方式

要求别人避免某些敏感话题并不是什么严重的事，但如果彼此的冲突透露出更严重的信息，如另一半出轨、友人酗酒或是工作诚信出问题时，情况又会变得怎样？在这样的情况下，双方可能会口出恶言；而此时双方强烈的情绪反应也容易让仅用来强调原则的方法被误认作情感勒索。即使如此，声明原则与情感勒索之间仍然有很大的区别。就让我们看看下面的例子：同样的情况发生在两对夫妻身上，结果却截然不同。

婚外情事件

我认识杰克和米歇尔这对夫妇已经好几年了，一直很羡慕他们美满的婚姻。虽然他们年龄相差很多——杰克比米歇尔大了 15 岁——但同在交响乐团工作的夫妻俩依然过得甜甜蜜蜜。有一晚，我搭杰克的便车去参加一场聚会，在回家路上，我们小聊了一番。我问杰克："你们夫妻生活甜蜜的秘诀到底是什么？又是谁传授给你们的呢？"

杰克给的答案，完全出乎我的意料。

老实跟你说吧，我们之间的情况并没有那么美满，至少对我来说是如此。这件事我几乎没告诉过任何人。3 年前，我做了一件非常愚蠢的事，和乐团里的一位客座小提琴家出轨。虽然我们的关系并没有持续很久，但我心中的罪恶感却挥之不去。我再也无法隐瞒米歇尔这件事了，而且我知道，如果我不向她坦白，我们永远不能恢复以前那种亲密程度。所以，我做了一个对自己最好的决定，就是向她坦白，并表示愿意承担所有后果。

刚开始，我以为米歇尔会气得想把我杀了。她好几个星期都不跟我说话，我也搬到了楼下的书房去，但是后来，米歇尔做了个让我感到惊讶的决定。她说自己想了很久，后来终于了解，如果我们还要继续携手共度下半生，就得一起想想办法。起初她真的是气得发疯，但后来她决定跟我做个交易：她不会再提起这件事，也不会把这件事作为要挟。逼我听她要求的把柄；但如果我不能保证永不再犯，并且和她一起去接受婚姻咨询的话，我们俩是不可能一起渡过这个难关的。而且，如果我不愿给出承诺，我们的婚姻关系也就到此为止了，因为她没办法一天到晚忍受不安全感、不确定感和疑心病的交相煎熬。

我告诉杰克，他很幸运，因为米歇尔是以一种很健康的方式来界定彼此相处界限的。以下我将列出这个过程，并且会在本书的第二部分再提出来好好讨论一番。对杰克的出轨行为，米歇尔的处理方式如下。

- 确立自身立场
- 阐明自己的需求
- 表明自己能接受的范围
- 让杰克可以自由决定是否接受这样的条件

当然，她同时坚持，夫妻俩都得接受心理咨询。

每个人其实都有权利设定自己能接受的行为范围，就像米歇尔这样。在一段亲密关系中，不与出轨者、瘾君子以及会对自己产生任何形式的危害的人为伍，是每个人的基本权利。

如果有人对我们的所作所为表达出强烈的言语及行为反应，但不带威迫也没有施压，就构不成情感勒索。适时声明原则并不等于强迫、施压或是不断纠缠于某人的缺失，只是重申我们能接受的行为范畴罢了。

情感勒索者的处理方式

相较米歇尔处理危机的方式，让我们来看看另一对夫妇吧。我认识史蒂芬妮和鲍勃也有好几年了，他们在婚姻濒临破裂之际来到我的办公室，这时他们已经到了彼此无话可说的地步。回想他们三十多岁的时候，两人真的很相配：鲍勃是一位拥有丰富实务经验的税法律师，而史蒂芬妮则从事房地产业。因为是鲍勃提议来向我寻求帮助的，所以我就请他先开始。

　　我不知道自己还能不能忍受这种情况。一年半前，我犯了一个严重的错误，那个错误几乎毁了我们夫妻俩的生活。我在出差的时候和一名女子发生了外遇。我知道这全是我的错，这事根本不应该发生，但我却让它成真了。之后，我一直尽全力弥补史蒂芬妮，因为我爱的是她，我不想离开她，而且我们的生活不错，还有两个漂亮的女儿。但是，天啊，史蒂芬妮完全像对待连续杀人犯一样对我，不肯善罢甘休。

　　现在，只要她想到什么，就会旧事重提。我岳父母要来家里住之前，她会提起这档事；在决定要看哪部电影时，她也会说上几句；她甚至还用这件事要求我买些东西哄她开心。最近她想去欧洲玩几天，却选了我有个大案子要处理的时候，我当然不可能陪她一起去。如果她要跟朋友去，我绝对举双手赞成，但是她要我丢下一切顺她的意——因为我背叛过她，所以现在我得处处顺着她。她会这样说："这是你欠我的，就算你活到一千岁也无法弥补你对我的伤害。"只要我不听她的，她就会提醒我我做过什么龌龊事，甚至还在洗手池上的柜门上贴了一张写着"渣男"的标签。我怎么能不对她言听计从？我怕她离开我啊！没错，我是很渣，我对自己所做的一切也觉得痛苦万分，但我不能再这样下去了，我们俩要怎么样才能跳出这个深渊？

　　就像米歇尔一样，史蒂芬妮也有权利生气，但是她却对鲍勃用了惩罚和控制的手段——这就算是情感勒索了。当史蒂芬妮知道鲍勃出轨后，愤怒和缺乏安全感让她误认为只要让鲍勃产生罪恶感，就能绑住他，可以对他予取予求。她把鲍勃看成一个对感情不忠、不值得信任的人，并把他的出轨当成一项威胁武器。她的威胁是直截了当的："如果我得不到我想要的，你也不会好过。"她有一句名言："现在由我做主！"

这样的婚外情事件是充满危机和转机的。在我们日常生活中发生的种种事件里，它也是最有可能转变为情感勒索的一件事。米歇尔让这件事成了她和杰克之间的转机，也具体表明了她对杰克和自己，以及对彼此婚姻的期许。至于史蒂芬妮，却让自己陷入了暴怒和复仇的泥淖。

当我们的亲密关系遭遇了某次重大"灾变"——像是被同事出卖、家庭关系出现巨大裂痕、被朋友欺骗等——如果我们选择修补这段关系，就可能出现截然不同的结局。而如果双方都出于善意，并真心希望重修旧好，那么对情感勒索的担心就是多余的。

真正的动机

但我们怎么知道对方是想要跟我们拼个输赢，还是真想解决问题呢？他们绝不会讲实话，当然也不会说出肺腑之言："我才不管你们要什么，我只想拿到我要的。"在这种充满强烈情绪的情况下，我们原本的洞察力会变得迟钝，更别提在压力下我们的辨识力会有多低了。以下要点将帮助你明确对方行为中潜藏的意图与目标，进而发现情感勒索的存在。

如果对方真想以公平、互惠的方式解决冲突，他们会有以下行动。

- 开诚布公地讨论彼此的冲突点
- 知道你的感受和考虑
- 找出你不答应他们要求的原因

● 不推卸自己在造成冲突过程中的责任

就像米歇尔和杰克的例子，你可以对某人动怒，但不一定要在情感上折磨他们。即使双方意见不同，甚至南辕北辙，也不必动用侮辱和消极指责的手段。

如果对方的目标是要迫使你屈服，他们会有以下行为。

● 试图掌控你

● 不理会你的抗议

● 坚持他们在性格及动机上绝对优于你

● 对于你们之间真正的问题采取逃避态度

你在发现对方只求满足一己之需而完全忽略你的时候，就已经面临情感勒索的窘境了。

从变通到坚持

在观察可能会转变为情感勒索的情况并探究它们的特征和动机时，我想提出另一个问题："在这段关系中，你能允许的变通范围有多大？"

当情感勒索逐渐渗入一段亲密关系时，我们可以感受到周遭气氛的转变。看看史蒂芬妮和鲍勃的例子，他们的关系甚至变得迟滞不前。威胁和压力成了生活的一部分，冷淡气氛进入彼此的关系中，也使我们失去了安然度过这些危机的变通能力。

我们其实具备变通的能力，却浑然不觉。每一天，我们都会非常轻松、自然地在许多事情上妥协：到哪家餐厅吃饭，去看哪部电影，客厅要刷成什么颜色，或是到哪里举办公司聚餐。事实上，在很多情况下，最后的结果都不是非常重要，而且通常也都会取决于有强烈偏好的人。过程中或许有些意见相左或是强人所难之处，但是施与受的平等和公正还是存在的。即使有些小小的不快，我们仍然愿意妥协，而且这对自我和活力丝毫不构成影响。同时，我们也希望别人有时候也能按我们的需求去做。

当我们不愿再妥协后，情况就变得有些僵了。我们再也不愿意被迫做出改变，或者遵循那些看来并不适用的规则，而决定要坚持己见。

我小时候常常玩一种名叫"冰人"的游戏。每个人都得避免被当鬼的小朋友摸到，只要一被摸到，你就不能动了，直到游戏结束。我们常在一片草坪上玩这个游戏，玩到最后，整片草坪看来就像一座雕像花园似的，因为好多小孩都一脸受到惊吓的怪样子，一动不动。情感勒索其实有一点像"冰人"，只是这不再是个游戏。只要情感勒索出现在亲密关系中，这段关系就会开始进入僵局，双方甚至会陷入需求与被掌控的泥淖中无法自拔。那时，想改变自身立场已经不可能了。

艾伦是一家小家具公司的老板，个性开朗有趣。但当他第一次来找我，向我诉说和新婚妻子朱之间的问题时，表情却非常凝重。

"我以为她是我一直寻觅的终身伴侣——她人很好，又很幽默聪明。"他开始对我讲。"听起来不错啊，"我说，"那你为什么还这么郁郁寡欢？"

> 我就是不知道我们还适不适合在一起。我知道朱很爱我，但我实在不喜欢我们现在的状态。如果我要求有一些自由时间——像是朋友拉我去看电影，或是在下班后和工作伙伴去吃吃喝喝什么的——她就会显出一副受到伤害的样子，用那双哀伤的大眼睛看着我，说："你怎么了？你已经对我厌烦了吗？你已经不想跟我在一起了吗？我还以为你疯狂地爱着我！"如果我开始计划去做别的事，她就会噘起嘴跟我撒娇，用各种委婉的方式让我知道她有多不

快乐。我以前从不知道她这么黏人。如果她跟朋友一起出去，我绝对举双手赞成，但她却越来越少这样做了——她就像想住进我的口袋里，好随时跟着我似的。有一次，我终于鼓起勇气和朋友一起出去了，结果她整个礼拜都没跟我说话。我认定她是我今生的最爱，如今却有一点后悔了。我们以前在一起的时光特别甜蜜，但现在真糟糕，她总是让我为她做这做那。

只要一遇到困难，依赖性强的人就很容易投入一段亲密关系中。而且只要另一半想放下他们去参加别的活动，他们就会慌了手脚。他们会感受到被遗弃的恐惧与遭拒的忧虑，但不会直接表现出来，反而会隐藏这股感受。毕竟，他们都知道自己是成人了，"不应该"太依赖别人，也"不应该"像个被吓坏的小孩。当朱看到艾伦想要更多的自由而不愿意关心她的感受时，她用委婉的方式表达了意见；在艾伦做了一件看起来再普通不过的事，如自己出去逛逛后，她就要让艾伦充满罪恶感。

艾伦努力想要了解她。

她童年时期过得并不好，所以我能理解她为什么这么依赖我，也不会因为她缺乏安全感而责备她。有时候，女人这么依赖我而不让我离开她的视线，这种感觉还挺不错的。但是后来，老实说，我开始觉得不舒服了。她总是能达到目的，却让我充满罪恶感，我觉得自己像个任她驱使的懦夫。

虽然艾伦不愿意承认，但他也知道，朱在楚楚可怜的表情和迷人的软语呢喃背后其实已布下严密的压力网，好让艾伦屈服于她的要求。朱希望艾伦能一直陪着她——这也是她允许艾伦扮演的唯一角色——不准他有自己的活动和兴趣。就像其他遭受情感勒索的人一样，艾伦也给了情感勒索发酵的温床。尤其是刚开始的时候。他一再容忍朱的质疑，并把她的黏人攻势归结于小时候缺乏关怀，因而需要他的体贴照顾。

在面对需求与占有的步步紧逼时，艾伦也做出了与多数人相同的反应，把这些行为都看作对方的爱和关心。在本书中，各位读者将会了解，这种反应对情感勒索无异于火上浇油。

一旦发现亲密关系中有了情感勒索的征兆，那种感觉就像揭开了一块幕布。突然间，你会发现你竟然一点都不了解自己的伴侣、同事、亲人、上司和朋友，有些东西已经消失了。你们没有妥协和变通的空间，彼此的力量没有均衡可言，你所希冀的一切也无法达成。爱与尊重已经不存在了，只有在情感勒索者达到目的时，双方的关系才可能恢复和谐。

第二章 ┤ 勒索的四种形态

　　"如果你真的爱我……"

　　"别离开我，不然我会……"

　　"你是唯一能帮我的人……"

　　"我可以让事情变得简单，只要你……"

　　在所有勒索言语中，把要求搬上台面绝对是一项必备要素。但是，每一种勒索情况都不尽相同。经过仔细审视后你就会发现，这些看似相同的行为其实还可以分成四种类型，如同看似只有单色的光线，在通过三棱镜之后却可以分为好几种颜色。

　　属于"施暴者"的人，总是清楚地让我们知道他们有什么需求，并告诉我们忤逆他们的后果。这种人可能会直接提出要求，也可能不管遇到什么事都闷不吭声，但绝对都会将怒气直接发泄在我们身上。第二种"自虐者"会将所有威胁内化，强调如果不让步，他们会对自己做出某些举动。而"悲情者"则在强扣罪名和使别人产生罪恶感这方面颇具技巧。我们可以了解他们要的到底是什么，也会在他们的"引导"下了解，他们的愿望能否实现就全靠我们了。第四种"引诱者"则会给我们一连串的测试，如果我们能让步，他们自然少不了给我们一些甜头。

　　每种类型的情感勒索者都有不同的行为模式，在表达要求、压力、威胁和负面评价方面当然也有迥异的表达方式，这使得我们很难辨识出情感勒索，即使自认为聪明的人也是如此。就像如果你认为所有的鸟都像老鹰一样应该在天空翱翔，那你一定会很惊讶，悠游在水面上的天鹅竟然也属于鸟类——因此，如果有任何出乎意料的情感勒索出现在你的生活中，这种认知矛盾也会产生。

所幸，只要先了解这四种类型，你就能在每个人的行为中察觉危险信号，并事先发展出一套预警系统，以避免情感勒索的侵害。

施暴者

我想先从情感勒索者中最明显的一种类型——施暴型开始。这并不是因为这类人较多，而是因为他们最容易辨别。如果身边有这种人，你不可能察觉不到，因为只要我们一不顺从，他们马上就会怒发冲冠。一种人可能会直截了当地爆发不满，甚至语带威胁，我称其为"积极施暴者"；而另一种低头生闷气的人则属于"消极施暴者"。不管是哪一种，施暴者追求的是一边倒的关系，"不听我的话就滚"是他们的座右铭。不管你想什么、需要什么，施暴者根本置之不理。

积极施暴者

"如果你回去工作，我们就一刀两断。"

"如果你不接管家族企业，我的遗嘱上就不会有你的名字。"

"如果你要跟我离婚，你就再也别想见孩子了。"

"如果你不能加班，就别想升职。"

以上这些话的杀伤力都非常大，而且也都很吓人。这些言词通常也都能奏效，因为如果反抗的话，我们都很清楚自己的下场会是什么。这些人绝对能把我们的生活搞得鸡犬不宁，或者至少让我们不开心。施暴者可能不了解自己的一言一行会对别人造成多大的影响，也没有注意到自己经常威胁对方要告诉别人他们有多糟糕，或是要夺走对方珍视的一切。虽然这种人大部分情况下只是随口说说，气过就算，但是，这种威胁造成的后果却是非常严重的——哪天他们真的说到做到，我们就惨了。

丽兹是一位身材瘦削、说话声音低沉且平稳的女性，有一天她跑来办公室找我。过去几年来，也有许多女性因为同样的问题向我求助。她想知道，因浪漫相遇而结合的夫妻，现在却毫无感情，甚至在情感上互相折磨，这样的婚姻还有没有办法挽救？她在高中毕业几年后，和丈夫迈克尔在一项电脑销售人员训练课中相遇，当时他们在合作进行一个团队计划，她对迈克尔那时表现出的权威感与直接切入问题核心的能力印象深刻。当然，他的英俊外表也为他加分不少。

刚开始，迈克尔看起来棒透了。他非常体贴、负责，我们那时真的度过了许多美好时光。所以，我花了好长一段时间才看出他本质上控制欲非常强。我们结婚一年后，我生了一对双胞胎，于是当了一段时间的全职主妇。当孩子开始上学以后，我认为自己最好重新回学校学习，因为这一行如果没有不断充电，是混不下去的，但是迈克尔却认为孩子还小，做母亲的就应该好好留在家里照顾他们。就这样，讨论终止了——每次我要跟他谈谈托儿所或是请家教的事，他都不理我。

我觉得非常沮丧，告诉他我已经不知道该如何跟他经营这段婚姻了。结果，他开始抓狂。他说如果我离开他，他就带走所有的积蓄，把我丢在大街上。那个暴怒的他让我完全傻眼。"你喜欢住在好房子里对不对？喜欢现在舒适的生活吧？"他这样对我说，"只要一离婚，你什么东西都拿不到，我的律师还会让你永远都见不到孩子！离婚？你想都别想，也别轻举妄动！"我不知道他是在气头上还是真的会这么做，只好告诉我的律师什么都别做，也暂停了申请离婚的程序。现在，我除了恨他之外，完全束手无策。

正如丽兹所说的，再也没有比遭遇婚姻困境、结束一段亲密关系或离婚更能让施暴者"充分发挥其特长"的情况了。也许最有感染力的情感勒索者就是迈克尔这种人，即使压力和痛苦缠身，他们仍然可以威胁切断对方的经济来源或与孩子的联系，让对方更悲惨。只要能想到其他让人难过的方法，他们就会身体力行。

和施暴者类型的情感勒索者打交道是最难的。如果想要抵抗他们或是坚守自己的立场，就得冒着违逆他们的危险；如果顺从他们，又会让人觉得心里恼火——一方面气施暴者所施加的压力，另一方面又气自己竟然这么没胆。

不敢反抗的孩子

什么人能把那些事业成功的大人变成小孩？答案是"父母"，这应该一点都不让人惊讶。即使在孩子离家很久之后，父母仍然保有对孩子的控制权，他们会觉得自己应该帮孩子决定该和谁结婚，如何抚养子女，住在哪里，要怎么过活。因为孩子通常会顺从父母，不敢违背，父母就可以理所当然地运用这股强大的影响力：如果父母用遗嘱或有关金钱的承诺来强化自身权威，向孩子施压，使孩子顺从，孩子就更加不敢忤逆父母。

我有一位 32 岁的咨询者乔什，职业是家具设计师，他已经遇到了此生的最爱贝丝，她是一位野心勃勃的职场女性。他现在很快乐，但还有一个问题，就是他的父亲保罗。

> 我爸爸是虔诚的教徒——我们全家都信天主教——而且希望家中每个成员都在教堂里完成终身大事。我很幸运，在玩壁球时认识了一位犹太女孩贝丝，于是我们恋爱了。我曾经试着跟爸爸讨论这件事，但他每次都会大发脾气。他威胁我，如果我要跟贝丝结婚，他绝不会投资我那项计划很久的生意，也会把我的名字从他的遗嘱中剔除。他可是说到做到的。于是，我无法带贝丝回家，甚至不能提到她，这实在非常荒谬。我找不到跟爸爸讨论这个话题的切入点。

我真的试过了。他会说："不要再讨论这件事了！"然后就走出房间。我不断自问，我是一件商品吗？我的灵魂到底值多少钱？我是应该不理会家人的反应，还是对他们撒谎，假装贝丝已经不存在了？我快要被这个问题搞疯了！这不只关系到能否得到遗产的问题——我和家人的关系一向都很亲密，我无法一直对他们撒谎。

属于施暴型的父母常会要求子女选择是要他们还是要自己的伴侣，让子女陷入两难的窘境。受到情感勒索的子女可能会天真地相信，为了全家和谐，这次最好让步，下次一定会有个"合格人选"出现。当然，这不过是一厢情愿的看法。施暴型的父母对下个人选一样会百般挑剔，再下一个也不例外。只要有人威胁到他们对孩子的控制权，这种情况就会发生。

乔什希望在对父亲让步的同时，也能争取到自己想要的，但不论怎么绞尽脑汁，仍无法两全其美。他能对父亲让步又不必放弃贝丝的唯一方法就是对父亲隐瞒所有的真相。

想要避免施暴者的暴怒和控制欲，我们会做出一些让自己也觉得惊讶的事情——说谎、保密和打小报告——好让施暴者相信我们对他们的忠诚。这样的状况让我们仿佛回到了叛逆的青少年期，不断违背自己的行为标准，并因为无法违抗施暴者的事实而加重自责。

沉默以对

消极施暴者从不用言语表达感受。到目前为止，最令人无法招架的情感勒索者就是这种人了，因为他们从不说出自己的感觉。

我们在上一章中谈到的那位作曲家吉姆，在搬去和海伦同住以后，才慢慢显现他"沉默施暴者"的特质。以下是海伦对吉姆的描述，正说明了这类人的基本特征。

我不知道怎么跟吉姆相处。他生我的气时，总是一声不响地离我好远，我知道他一定气疯了，但他从来不愿意跟我谈谈。有一晚，我头痛欲裂地回到家中，因为我的课让我累垮了，系主任竟还要我准备一份工作报告以提交预算审核——我累得要死，却没法休息。当天吉姆为我做了晚餐，并点上蜡烛欢迎我回家。他真的非常体贴，实在让我非常感动。当他在沙发上抱住我的时候，我已经知道接下来要发生什么，他想和我亲热一下。但我那时真的很不舒服，而且一心牵挂着尚未完成的工作，一点也不想和吉姆亲热。我试着好言相劝，也许过一阵子再说吧！但他完全误解了。他没有对我大吼，只是一言不发，抿紧了嘴，脸上出现一个阴暗无比的表情，然后就转身离开了。他用力关上书房的门，在里面把音响开得震天响。

这类人冷冰冰、一语不发的态度，一般人是很难忍受的。面对这样的酷刑，几乎每个人都会缴械投降。我们会这样乞求他们："说点话吧，对我大吼也行啊！总比你什么都不说好！"通常我们越要求闷不吭声的人说些话，他们就越会抗拒，因为他们害怕面对我们，以及自己的愤怒。

我不知道该怎么办，心中升起一股可怕的罪恶感。他那么浪漫，我却冷酷地拒绝了他。于是我走进书房，试着和他谈谈。他坐在那里，瞪着我说："现在不要跟我说话。"我想，必须设法让冲突缓和下来，于是我穿上一件缎面睡袍回到书房，用双手圈住他的脖子，告诉他我真的很抱歉。最后我们就在书房里亲热了。这听起来好像很浪漫，但我其实一点都不觉得。我的头还是痛得要命，觉得自己已经紧绷到快要断成两半了，实在很痛苦。但我还是努力想让他不要再生我的气，因为我无法再忍受那种沉默了！

沉默型的施暴者会退进一座无法穿透的堡垒，一点也不在乎我们所受到的影响。如果有人像吉姆那样对待我们，我们也会像海伦一样不知所措。我们能够感觉到对方的愤怒正逐渐高涨，而自己就是他的目标——这就像把我们放进充满压迫和紧张的压力锅中。大部分人肯定会像海伦一样迅速让步，因为这是最快缓解压力的方式。

双重惩罚

当你拥有一段双重关系。比如说另一半就是上司，或者最好的朋友也是生意伙伴时，受到情感勒索的可能性将会大幅提高。他们可能会经常将其中一种关系的混乱情况，带进另一种关系之中。

我的一个咨询者雪莉28岁，工作很有干劲，长得也很漂亮。有一天，她忧心忡忡地跑来找我，想请我帮她断绝与上司的婚外恋。起初，雪莉决定更深入地了解电影业，很快便找到了一份在电影特效工作室担任制作人助理的工作。这位制作人查尔斯52岁，性格变幻不定，和雪莉一样毕业于常春藤盟校。他们常分享彼此对默片及现代艺术的热爱，雪莉迅速地被这位对她十分器重的上司吸引了。他们之间的互动非常和谐，而且由于雪莉职务的关系，查尔斯还会让她参与内部重要工作的决策。在训练了雪莉几个月之后，查尔斯将雪莉升职为专案经理，专门负责与客户商谈及协助规划未来方向。

雪莉的朋友曾警告她不要和上司来往这么密切，何况他已经是有妇之夫了。但是，比起跟雪莉同年的男性，查尔斯对她真的不错。起初，她并没有非分之想，只是工作关系让他们彼此越来越亲密，最后，这段关系演变成了一段办公室恋情。

我知道，我知道，工作守则的第一条就是绝不要和上司发生恋情。但查尔斯真的是一个很棒的人，从来没有人像他那样吸引我。我欣赏他的智慧和世故。他有很多东西可以教我，能成为他最器重的学生，对我来说像赢了大奖一样。我喜欢这种亲密感，我们共享了许多事情，对公司的看法也很一致，而他妻子就无法和他分享有关公司的事，因为她酗酒，常常喝到不省人事。早在我们交往之前他就说过，如果哪天他妻子能清醒到双脚站立，他就要跟她离婚。所以，我就跳进去了！

这段关系确实让人飘飘然，两人不但在性需求上得到了满足，工作上也有互惠关系。但两年过去了，查尔斯根本没有要和妻子离婚的意思。随着时间流逝，雪莉逐渐了解，查尔斯是不会结束婚姻的。

在被骗了两年之后，我终于知道查尔斯只是想同时拥有妻子和情妇——我当然不甘心永远扮演这个情妇的角色，我希望未来能拥有一个属于自己的家庭。我们一起吃晚餐的时候，他告诉我正在计划一趟巴黎假期，要带着妻子和女儿一起去。他明明知道我有多爱巴黎，我们也讨论过要在那里结婚。这时，我终于知道，一切都是我一厢情愿。我实在无法面对现实。最后，我告诉查尔斯，我们的关系最好能回到当初那种密切但与性无关的状况。这也许有点伤感情，但只有这样，我们才能继续真正的生活。

想不到原来对我很慷慨、和善的查尔斯的表现竟完全出乎我的意料。他说，如果我要离开他，就可以跟工作说再见了。我不知道自己能不能同时应对失恋和失业。好不容易才找到适合自己的工作，我真的很害怕他会就这样让我走人，但我也不想被人捉奸在床。我看不到自己的未来，没想到会把自己搞到这步田地。

查尔斯面临着一个困境，他可能会失去一段令他感到活力十足的亲密关系，因此，他孤注一掷，希望能挽回这段感情。这样的反应可能吓到了雪莉，但对一个急欲挽回一段感情的人来说，这一点都不奇怪。

雪莉现在面临的问题正是许多人，尤其是女人，花了好几年想解决的问题。跟比我们位高权重的人发生亲密关系，其实是很危险的。如果这段亲密关系产生了嫌隙，我们将会和雪莉一样发现这个事实：分手的压力和失望，将会让原来与你共享亲密生活的另一半，对你使出惩罚手段。但雪莉并没有因此被逼得走投无路，她仍有其他选择，我们将在之后分析。

双方的盲点

关系越亲密，就越容易出现危险——也就让我们越有可能成为施暴者的目标。我们都不想离开我们深切关心、有着长期甚至终生关系的对象，或者像雪莉的情况，离开与我们的生计息息相关的人。我们会竭尽所能地满足这些施暴者的需求，让自己同意他们的一言一行，却看不清楚他们的真正用心。就像乔什的父亲虽然口口声声说是为了乔什着想，但其实他只是为了自己，根本没考虑到乔什的感受。施暴者几乎都是这样的。

当情感勒索的影响逐渐扩大时，不顺从施暴者的人将迎来非常悲惨的结局：遭到遗弃、情感上断绝往来、金钱或其他资源被掐断，或是被怒目相向。此外，最令人害怕的是人身安全受到威胁。当勒索逐渐转变成恐吓，并由对方掌控全局时，情感勒索就转变为情绪虐待了。

很明显，一旦展开情感勒索之后，施暴者被强烈的自我需求蒙蔽，似乎对别人的感受视而不见，也不会彻底反省自己的行为；他们相信自己已经做了最正确的抉择，而且这些都是他们应得的。虽然要跟施暴者把话说清楚并不容易，但这绝不是一项不可能的任务。掌握了工具与方法后，每一位受害者都将重拾自信，并最终可以说出并用事实证明，他们不会再成为勒索的受害者了。

自虐者

我们小时候可能都有过幼稚的自虐之举，比如对父母大喊："你要是不让我熬夜看电视，我就把自己憋死！"成人自虐者的情况稍微复杂一些，但基本原则是相同的。他们会警告我们，如果不照着要求去做，他们会非常沮丧，甚至无法活下去；他们会做出一些举动，把生活搞得一塌糊涂，甚或伤害自己。"别跟我吵，我要得抑郁症了。""你得哄我开心，不然我就辞职不干了。""如果你不照做，我就不吃饭，不睡觉，不喝水，不吃药，我要毁掉自己。""你敢离开我，我就自杀。"以上都是自虐者可能使用的威胁方式。

我们在第一章里讨论过的咨询者艾伦，终于慢慢了解到，自己的新婚妻子朱每次都絮絮叨叨地说如果不让她怎样做她就会受到伤害，根本就是在威胁他。朱不断索取着艾伦的陪伴，而不愿找些属于自己的活动，这其实已经对艾伦造成了严重的压力。

> 我不知道是不是该用些激烈手段，但除此之外，其他方法好像都无法奏效。我曾经试着和朱讨论这种情况，但她却不愿意谈。她会变得非常沉默，有时候眼中甚至浮现泪光，接着她会走进卧室，把门反锁起来。我不断拜托她出来，求她说说话，或者干脆骂我一顿算了。
>
> 上次，我本来想去我姐姐在俄勒冈州的小屋度假，结果朱的反应就好像我会从此从地球上消失似的。"你知道，没有你我根本睡不着，而且连工作都没心思做了，"她告诉我，"我要你陪着我嘛。现在可是非常时期呢！我得靠你度过这段忙碌的销售期，你不帮着我，我可是一团糟，压力这么大，根本什么都做不好！你一点也不在乎我需不需要你？你是不是就想搞砸我的生活，而你却独享一个礼拜的假？"

我对她说："天啊，这又不是世界末日，我只不过想去看我姐姐。"但她却认为我抛弃了她。最后我只好取消这次行程，假装我一点也不想去——这可能也不坏，因为朱变得温柔起来，我们甜蜜得像在度蜜月。但是几个月下来，我却感觉自己快要窒息了。

歇斯底里、充满被害妄想的人格特质，可说是自虐者的基本特征（当然，对他们而言，你更是火上浇油的因素之一）。他们常极度渴望依赖，常会黏着身边的人，而让他们主宰自己的生活是很麻烦的。他们一旦转而使用情感勒索的手段，就会把之前所有惹麻烦的举动全归咎于你。归根结底，自虐型的人就是有办法让对方觉得"我应该为所有的事负责"。施暴者会把亲密伙伴全当成幼稚的小孩来对待，自虐者则会把对方视作成年人，而把自己当成小孩。当自虐型的人哭闹时，我们必须去哄他们；当他们沮丧的时候，我们就要付出关心，并帮他们解决所有的不愉快。我们还得负责将他们从无助的深渊中救起，好好保护他们脆弱的心灵。

就是你害了我

我在主持的广播节目中最常接到的电话来自一些中年父母，他们表示自己正在为如何与成年子女相处而苦恼。这些孩子不是有毒瘾，就是不愿去工作或上学，甚至是快要败光家产。这些父母不管多努力想要改变这种情况，都会感受到庞大的压力。"好，那我走好了，我睡大街也能过得很好！反正你们从来都不爱我。""我去卖身你就高兴了吧！"受到这样言语威胁的父母，当然只好同意维持现状，即使这样对每个人来说都不好。

我有一位五十多岁的咨询者凯伦，她是一名退休护士，现在正努力地配合女儿梅兰妮进行一项治疗。为了帮助梅兰妮戒除毒瘾，凯伦付费参加了一套昂贵的咨询课程，也鼓励女儿参加她从前服务的医院开设的一项学习课程。凯伦从不期望能获得女儿的感激，但她也没料到女儿会威胁她。

> 梅兰妮是个好孩子，我也对她所做的一切努力感到十分骄傲，但是现在我们几乎天天为了钱发生争执。她和彼得结婚时就很想拥有一套房子，于是他们想向我借钱支付首付。你知道，护士的退休金并不多，我不是不愿意帮他们，只是这样我就得掏空自己的存款。我不敢这样做，那是我仅有的一切了。但梅兰妮却觉得，为什么有钱的是我而不是她？她的确需要一套房子。
>
> 我担心梅兰妮戒毒的决心会因此而动摇，因为有些人就是因为得不到别人的关心才走回了原来的错误道路。我能感觉到，如果我不答应梅兰妮，她就会重新开始酗酒。我别无选择，只有帮她买下那套房子。

凯伦认为自己别无选择的说法，我已经从许多身受情感勒索的人口中听过无数次，这反映出这些人已经有受害感了。凯伦其实还有其他解决办法，但她得花上一些功夫才能让这些方法派上用场。梅兰妮抛出的威胁直指凯伦的要害。正如我向凯伦指出的，她用的手段跟之前凯伦描述的脆弱形象完全不符。这种伪装自我的方法，也是自虐者常使用的手段。

终极自虐者

自虐者能使出的极端手段就是向别人暗示他们可能会自杀。这种威胁没有人敢轻忽，也是让自虐者觉得最有效果的一种方法。这让我们心中深藏着一份恐惧，生怕他们在骗了我们好几年之后，有一天却真的使出这样激烈的手段。

伊芙是位年轻、迷人的艺术创作者，现在和艾略特同居。艾略特四十多岁，是一位著名画家。他们的爱情刚开始是很浓烈的，但伊芙搬去和艾略特一起住之后，他们的关系有了一百八十度的大转变，成了一场令人窒息的互相依赖。每次约会的时候，伊芙发现艾略特总是阴晴不定。起初，她还把这归咎于他"艺术家敏感的脾气"，但后来他一而再、再而三表现出的抑郁倾向和对安眠药的依赖实在让她感到不堪重负。他们渐行渐远，再也不能像从前一样共享彼此亲密的感觉了。伊芙是艾略特的助理，艾略特是她的经济来源，但他不准伊芙开创自己的事业。他甚至坚持伊芙的所有作品都必须挂上他的名字。

> 我终于了解，如果想拥有自己的生活，我就必须离开艾略特。但每次只要我一有这样的想法，他就会威胁说要吞下更多安眠药。刚开始我根本不想理会他的威胁。我还告诉他，我要自己开一间绘画工作室，他竟说："我会挑你开幕的时候结束自己的生命。"我以为他在开玩笑，可是后来他又不断说些"我不能没有你""如果你离开我，我就活不下去"的话，这可就一点都不好玩了，甚至让人有些害怕。我能感受到他在痛苦背后传达出的爱意和热情，可是其中更隐含着愤怒。为什么他要把我逼到这步田地？我只不过想拥有自己的事业而已啊！

这类型的情感勒索是把重点放到了我们的责任感上。"他以前对我很好，我不能就这样离开他。如果他真的因此自杀了，我是不会原谅自己的。"伊芙这样对我说，最后还加了一句，"我会受不了良心谴责的！"

不过，大部分自虐者不会像艾略特一样使用这么激烈的手段，通常会这么做的是施暴者。我向伊芙强调，留在这种人身边并不代表能拯救他们。当然，你还是能给他们一些支持的力量，但如果你自认为保护他们是你的责任，无疑是给了他们一个完全控制你的好机会。

悲情者

悲情者通常会给人这个印象：一名苦着脸的女性独坐在一间阴暗的公寓中，痴痴地等着孩子打电话来。等孩子终于打电话来时，她会这样说："我怎么样？你问我怎么样？你们都不打电话来，也没有人来看我，我看你们连自己的妈都忘了。我可能得把头卡在炉子里，你们才会来看看我！"

悲情者在不顺心的时候，只有一个解决方案，就是要求对方完全顺从他的心意。他们不会威胁伤害任何人，相反，他们会暗示我们如果不照做，他们将受苦，错就全在你了。指控的后半"错全在你"通常不会出口，却能对悲情者的目标的良心，发挥魔力。

高超的演技

悲情者通常会让别人察觉他们的苦处。如果你看不出来，就是因为你不关心他们；如果你真的关心他们，不用他们开口，你就会知道他们正在为什么而受苦。他们拿手的台词就是："看看你对我做了什么好事！"

这种人不能如愿的时候，常会表现得沮丧、沉默，甚至眼中还含着泪水，但就是不说出真正的原因。等我们因此担心了好几个小时甚至好几个星期之后，他们才会说出自己的需求。

帕蒂是一位43岁的公务员，她说无论怎么反对丈夫乔的意见，他总是有办法使她让步。

> 他几乎从来不告诉我他要什么，如果我不顺从他，他就会沮丧地出去散步——而且，乔有一双世界上最哀伤的眼睛。过去，我们常常因为他母亲来访的时机不当而发生不算争执的小口角，但只要一看到他那双哀伤的眼睛，我就会充满罪恶感，也就不再坚持什么了。
>
> 通常乔都会这样做：先深深叹一口气，当我问他怎么了，他就

会痛苦地看着我，说："没什么。"然后我就得拼命思索自己是不是做错了什么。我会坐在床边告诉他，如果我做了什么惹他生气的事，我很抱歉，但至少得让我知道原因；大概一个小时后，我才会知道自己到底做错了什么事。有一次，竟然是因为我告诉他，我们买不起一台他想要的电脑！我怎么可以如此忽视他的感受！所以我立刻告诉他，想要就去买吧！令人惊讶的是，他原本拉长的脸马上就神采飞扬起来。

对乔来说，要坐下和帕蒂讨论买电脑这件事让他很不自在，所以他拐个弯告诉帕蒂他的需求——用尽所有方式让帕蒂知道，她让他觉得难过不已、头痛欲裂，因为她的"不体贴"，他已经沮丧到了极点。通常，悲情型的人自认为是受害者，努力改善关系的责任不在他们，他们当然更不必开口表达自我的需求。

悲情型的人表面上看来好像很脆弱，事实上，他们是一种沉默的暴君。他们不会大吼大叫或故作姿态，但是他们的行为却会使我们受伤、困惑和愤怒。

都是环境的错

并不是所有悲情者都会使用无声的抗议手段，有些人就会向我们倒一堆苦水，目的也是想要我们让步。如果他们变得郁郁寡欢，那一定是我们"没有达到他们的要求"。

佐伊 57 岁，是一家大广告公司的业务主管，非常积极有自信。有一天，她因为和一位同事的相处问题而来向我求助。

泰丝是公司里最年轻的员工，她不知道我们这些资深员工是做了多少年微不足道的工作、付出了多少青春，才爬到现在这个位置的。她觉得自己即使比我们少了 15 年的经验，还是足以担当大任。

我曾经试着向她解释情况，但她只是表现出非常不耐烦的样子。慢慢地，她开始和上司发生冲突，还疑神疑鬼地猜测自己的工作将要不保。每天，她都会走进我的办公室，对我倾诉一堆不顺心的事：同事戴尔不喜欢她的文案；她一直无法联络上一位很有潜力的客户，这个客户一定不喜欢她；她的电脑总死机；哦，她的狗还吃了她的资料。有时候，讲着讲着，连她自己也觉得好笑，怎么这么多荒谬的事都发生在她身上，但她还是没有安全感。

她说，每天早上她都沮丧到不想起床，她抽烟变得很凶，还越来越瘦……我试着安抚她，还以为自己快成功了，想不到却发生了一件让我不是很高兴的事。她要求我把她调到一个重要项目中，"如果你不答应我，我就会被炒鱿鱼了！"她这么告诉我，"戴尔讨厌我，但他很信任你，只要你肯帮我这个忙，情况就会有很大不同。"每天，她都会来烦我，"如果你再不帮我这个小忙，我真的要被炒了！"不然就是，"我现在真的很烦恼，你一定要帮我！"

事实上，我不认为她有足够的能力，但我还是把她调进了这个专案，因为如果我拒绝她，似乎显得我很自私。她最后还是逼我让步了——只要我答应这件事，就等于解救了她。现在，我开始担心我得加大每个人的工作量，以弥补泰丝能力上的不足。我不会再这样做了。我有一种被利用的感觉。你不会相信接下来发生了什么：泰丝竟然又要求我授予她更多权力，即使她现在已经有些疲于应付了。我想帮她，因为我仿佛看见了年轻时的自己；但是情况似乎有些失控了，如果我再不停手的话，对我累积多年的声誉也会造成影响。

泰丝这种悲情型的人总会哭诉情势对他们多么不利。一首蓝调歌曲的歌词特别适合这种人："如果不是因为太衰，我也不至于没有一丝好运。"说穿了，他们就是想找一个翻身的机会。这种人会让我们了解，要是我们不让步，他们就得尝尽失败的苦果，而且这笔账还会算在我们头上。于是，他们会逐渐激发出我们"义不容辞"的天性。但问题是，如果任他们予取予求，他们可是会食髓知味的。想要"救济"这种人，我们就得全年无休地 24 小时提供服务。

引诱者

引诱者是四种情感勒索者中最不易被发觉的。他们会先对我们发出正面的信息，并允诺一切关于爱、钱财或事业升迁的要求——这就有点像是挂在棒子另一端可望而不可即的胡萝卜——然后告诉我们，如果不顺从他们的要求，我们就什么也拿不到。尽管如此，他们提供的报酬实在太诱人了，于是，即使达成目标的机会微乎其微，我们还是会越挫越勇地向前迈进。直到最后，我们才会猛然发现，他们不过是在勒索我们。

有一天下午，我的朋友朱莉向我讲述了她和一位引诱型情感勒索者周旋的经过。他曾是她的男朋友，我们上次碰面时，他们俩正打得火热。他叫亚历克斯，家财万贯，离过两次婚，是名生意人，而朱莉是位极有抱负的剧作家。他们俩交往了 7 个月。刚认识的时候，朱莉白天接一些约稿，晚上则忙着撰写剧本。"你的剧本写得真棒！"从一开始，亚历克斯就这样夸奖朱莉，然后不断地鼓励她。

> 他告诉我，他认识几名制作人，而他们最近正在寻找——哦，他怎么说的？——一些优秀的作品，就像我写的这些。他们将举办一场周末聚会，他会在聚会中向他们介绍我。我一直朝这个方向努力着，这对我来说简直是千载难逢的机会。结果，这一切不过是诱饵罢了。"别邀请你那些放荡不羁的朋友来，"亚历克斯告诉我，"他们只会妨碍你。"

当朱莉犹豫不决，亚历克斯便不再安排她与那些"有影响力的朋友"碰面，但给了她很多保证。他已经送了朱莉很多价值不菲的礼物，例如一台全新的电脑，还请了一位保姆照料她 7 岁的儿子特雷弗。但是，这无非是要朱莉答应他的请求，只要朱莉能替他安排家中那些大大小小的社交事宜，他就能替朱莉开创事业的春天。当然，她必须放弃晚上写剧本的时间，以便和他度过美好的夜晚时光。亚历克斯说，这都是为了朱莉好。

朱莉对亚历克斯感到依赖，并对亚历克斯提供的资源十分动心，于是答应试着照他的话做。亚历克斯的计划便走到了最后一步。

亚历克斯说，如果特雷弗能先去跟他亲生父亲住一阵子，那就太好了。我就会有更多时间工作，也能把更多心思投入工作。"这些都只是暂时的。"亚历克斯说，他还认为，如果我的事业越做越大，我就不能再想着照顾儿子了。

这番话让朱莉彻底醒悟，不久后，她就和亚历克斯分手了。她不可能继续忍受这样一段充满永无止境的考验及要求的关系。亚历克斯是名典型的引诱者，他会随时奉上礼物与承诺，只要朱莉达到他的要求："我会帮助你，只要你……""我会清除你事业上的障碍，只要你……"最后，朱莉终于了解，这样的考验是永远不会结束的，每次只要她一靠近目标，亚历克斯就会想办法让她无法完成。引诱者不会免费赠送任何东西，所有包装得漂漂亮亮的礼物后面都牵着一条绳子。你想得到这些东西，就得耐心跟着他们的指示做。

幻梦的代价

引诱者提供的奖赏并不都是物质上的。有很多引诱者"贩卖"的是情感上的报酬，如一座充满爱、认可、家庭亲密感与疗伤作用的城堡。进入这样丰厚、完美的幻梦的代价就是，对他们完全言听计从。

珍是一位五十多岁的迷人职业女性，已经离婚八年了，两个儿子也都已经长大成人。她的珠宝生意做得很成功，也对辛勤工作后的美好成果很满意。但是，她和姐姐的关系却让她痛苦万分。

自从懂事以来，卡罗尔和我的关系就不是十分和谐，父母总让我们处在一种相互竞争的状态下。妈妈最疼我，而爸爸则把卡罗尔当作心肝宝贝。但是，由于爸爸掌控了经济大权，卡罗尔便占尽优势。他非常溺爱卡罗尔，对我则是百般限制，卡罗尔当然也知道如何讨爸爸欢心。爸爸是个有强烈控制欲的人，谁都不能违背他，在管教我们方面，他订下了非常不合理的宵禁和约会规定，我总是违反，而卡罗尔却对他百依百顺。在爸爸面前，卡罗尔是乖巧顺从的女儿，自然获得了不少奖励。她16岁的生日礼物是一台捷豹跑车，也去欧洲旅行过好几次，读的是最好的学校，她所有的一切都是最棒的。但是，这却让她养成了依赖的个性，而我却早早就要学会独立自主——如果我想得到任何东西，都只能靠自己。

爸爸把所有遗产都留给了卡罗尔，而我什么都没有。卡罗尔吝于跟我分享她获得的庞大遗产，也让我心寒不已，我们之间仅存的一点姐妹情谊自此完全瓦解。接下来的几年间，我们说话与见面的次数越来越少，最后也不再联络了。反正我们两个早就看对方不顺眼了。

上个月的某一天，卡罗尔竟然拨了电话找我。她在电话中不停哭泣，向我借一千美元过活，因为她丈夫不管投资什么都赔钱，全部积蓄已经花得一干二净了。卡罗尔典当了珠宝，又向妈妈借了些钱，才勉强逃过了抵押房子的悲惨命运。他们的生活看来一团乱。但在这种时候，他们却完全没有降低生活水准：他们还收藏着价值不菲的艺术品，还有一辆法拉利跑车。

卡罗尔听出我实在不想见她，于是使出了撒手锏："我实在不知道要找谁……""我不知道怎么办……如果你有麻烦，你也会找家人帮忙吧？"一股恐惧感攫住了我。

起初，卡罗尔表现得像个十足的受害者，让珍觉得她真的过得非常悲惨，而不得不伸出援手。而一察觉珍的不乐意，她立刻改用其他手段，祭出一份特别的"大礼"。

卡罗尔的声音忽然变得非常甜美："如果你能来一起吃顿晚餐，跟我们一起过节，我会很高兴的，就好像回到我们旧日共度的美好时光。"这招正中红心。我一直幻想有一天，家人能再次围坐在一起愉快地共进晚餐。我妈妈现在独居，我也单身，卡罗尔是家里唯一拥有完整家庭及一对子女的人。每到假日，我总是有些郁郁寡欢，因为我知道，即使我和一些朋友的关系比家人还亲密，可是一到阖家团圆的日子，我就会更渴望与家人共享团聚的时光。即使我们以前从来没有这样，以后也不可能会有，但是我打从心底愿意牺牲一切来换取这样的时光。老实说，对卡罗尔的"邀请"，我实在是蠢蠢欲动，但我得做出正确的决定。

想要参加卡罗尔的"家庭聚餐"很简单，只要肯付一千美元就行。对珍来说，钱本身不是问题。但是，如此轻易地屈服于卡罗尔施加的压力下，珍实际要付出的代价绝对比表面看多很多。珍不但要违背内心，默许卡罗尔花钱如流水的错误习惯，还必须信任一个过去曾欺骗自己的人。

对于卡罗尔塑造出的"美满家庭"幻象，珍是很难抵抗的——毕竟，一个美满家庭是每个人都渴求的，却有很多人与其失之交臂。想要达成这个愿望的欲求通常都非常强烈，在"就差那么一点"的感觉驱使下，很多人都不由自主地向它靠拢。其实，如果不是珍一直渴求这份家庭之爱，这样的诱惑对她来说根本毫无吸引力。卡罗尔替珍描绘出一幅美丽的景象，但事实上这却是海市蜃楼，你根本不可能用金钱买到家人间的亲密关系。

完全是因为珍的心理作祟，卡罗尔提出的"优厚报酬"才会让她心动。但这次的经验却会让珍培养出一种新的能力——学会抵抗情感勒索者这种欺骗式的情感操纵。

情感勒索的影响力

各种类型的情感勒索者间并没有绝对的界限。有些人集各类型之大成，有些人则是综合了两种以上类型。像卡罗尔这样的人就兼具悲情者与引诱者的特质，通过"提供"修复破碎家庭的妙方来引人上钩。

说实在的，每种情感勒索都会对我们的身心造成影响。施暴者带来的影响是十分有破坏性的，但是其他看来没那么极端的情感勒索者的破坏能力也不能小觑。不论是白蚁还是飓风，都可能毁掉一座房子。

然而把所有的情感勒索者都视为洪水猛兽其实并不正确，大家会发现，他们所做的一切并非全出于恶意，只是着眼于自己的利益罢了。因为这些人通常是我们生命中非常重要的一分子，甚至是良师益友。所以，将情感勒索者的标签贴在他们身上，绝对是我们不愿见到的事。想要仔细审视我们想忘记或忽略的一些行为，的确是一项艰难的任务，但为了使一段不健康的关系回归到坚实的基础上，这一举动却是重要的一步。

恐惧感、责任感与罪恶感

　　情感勒索就像一阵迷雾，让真正的状况模糊不清。只要一遇到情感勒索，我们就会陷入情绪反应的泥潭，变得十分缺乏决断力，更别提仔细思考及回应情感勒索者的所作所为了。

　　就像前面提到的，我会用"迷雾"来表示"恐惧感""责任感"及"罪恶感"，这也是情感勒索者给受害者留下的三种感觉。这个比喻应该很容易理解——这三种情绪会让人无处可逃，无所适从，并感到沉重的负担。在这阵令人摸不着头绪的迷雾当中，我们都渴望知道：自己是怎么沦落到这步田地的？要怎么脱身？怎么停止这种令人不快的情绪？

　　我们对以上提到的这三种情绪一点都不陌生。我们或多或少都会因为什么而感到害怕；我们都肩负着某些义务，也认识到自己得对家人和群体负责；我们都有一定程度的罪恶感，希望能使时光倒转，好让自己避免做出伤害他人的举动，或是不再后悔还有一大堆事尚未完成。这是我们与人相处时无可避免的情绪互动，但更重要的是，我们都知道如何与这些情绪共处，不会任由它们支配。

　　但是，情感勒索者会放大这些感觉，让我们非常痛苦，让我们为了使这些感觉恢复到可忍耐的状态而做出任何事——哪怕是不符合我们利益的行为。情感勒索者的"迷雾行动"让我们产生了一些最直接的反应，就像听到刺耳汽笛声时会捂住耳朵一样。此时，我们会丧失部分思考力，只能机械性地反应，这也是情感勒索能奏效的关键。当情感勒索者向我们施压时，我们从感觉不悦到做出反应之间，其实没有多少时间。

　　虽然"迷雾行动"看似是情感勒索者精心考虑后做出的，但它实际是大部分情感勒索者几乎不假思索的反应。

"迷雾行动"将导致一连串精密、迅速的连锁反应，在找出它的破绽之前，让我们先来找到它奏效的原因。首先，来看看这层"迷雾"的组成要素。虽然我会逐一分析这些要素，但并不代表它们会分头运作——它们常是交叉起作用的。还有一点也要谨记：每个人对恐惧、责任和罪恶的感知都不同，我无法一一说明，因为也许对你极有杀伤力的话语，对别人而言却是不痛不痒的。但我要强调的是，不论是哪种驱动力，大部分人产生的反应都大同小异。这张充斥着不悦的大网，让我们不得不向情感勒索让步。

恐惧感

情感勒索者利用对我们的恐惧的了解，建构起了从意识到潜意识层面的策略。他们知道我们害怕什么，会对什么精神紧张，注意到我们在经历某些事件时身体的僵硬，但这些绝不是他们刻意记下的，我们会自然而然地留心身边关系密切的人散发出的这些信息。而在情感勒索的状况下，恐惧也在对勒索者起着影响，我将在第五章详细讨论这个过程。简单来说，情感勒索者无法达成目标的恐惧感，将迫使他目不斜视地向目标前进，却对其行为给亲友带去的重大影响视而不见。

因此，在关系发展过程中对另一方各方面信息的熟悉，反而成了勒索者的武器，帮助他们达成一种被双方恐惧情绪驱策的协议。情感勒索者常会这么表示：照我说的去做，否则我就会 ————。

- 离你而去
- 反对你的意见
- 不再爱你
- 对你大吼

- 搞砸你的生活
- 跟你拼了
- 把你开除

不论哪种情感勒索者，都会为我们的恐惧量身制定一套行动。事实上，情感勒索最令人难受的一点就是，它毁灭了我们之间的信任，让我们无法表达出真实的自己，只能与勒索者建立一种浮于表面的关系。下面，我将介绍几个案例，说明情感勒索者如何瞄准我们恐惧反应最激烈的领域，以达到目的。

恐惧之源

要追溯我们最初感受到的恐惧，应该回到婴儿时期，因为当时如果不靠人照料，我们根本无法生存。这种无助感成了许多人日后无法摆脱的恐惧。人类属于群居动物，如果被排除在亲密伙伴的支持和关怀之外，对许多人来说都是非常悲惨的遭遇。因此，"被排挤的恐惧感"成了所有恐惧类型中最具影响力、最为普遍也最容易被触发的一种。

琳恩是一位年近50岁的国税局调查员，大概5年前，她跟45岁的木匠杰夫结了婚。她因为与杰夫关系不睦而来找我，看看有没有什么改善的办法。在结婚两年以后，杰夫辞掉了工作，双方同意靠琳恩的薪水过活，而杰夫可以全心照料他们的家——洛杉矶附近的一个牧场。但是，这反而成了让他们不断产生争执的主因。

> 我们的关系根本不平等。我负责赚钱，他却负责花钱；我在外面打拼，他只要留在家看着牧场，照顾我和动物。有时候我觉得这样不错，但如果他能努力找工作的话，我会觉得更好。现在我们共有的财产全都是我挣来的，他只会想着怎么花钱，而且他想要什么，我都得给他。

最近我们常常为了钱吵架，而且这几个月来，只要我们无法达成共识，或是我不让步的时候，他就会开始生闷气、大力甩门，还会大叫"我出去了"，接着就往仓库的方向走去。他知道我最无法忍受他离我而去！我总是跟着他在屋里走来走去——甚至他才走到别的房间，我就会有种被遗弃的感觉。我第一次婚姻破裂的时候，最恨自己一个人回到空荡荡的屋里，因此我不想再体验那种感觉。杰夫知道这点，所以他通常都很体谅我，随时随地陪伴着我。我无法忍受他现在竟这样大步离去。

　　发生这种事后，我的第一个反应是觉得他特别生我的气，所以要离开。我知道这很疯狂。虽然我们以前也吵过架，但我们知道对方深爱着自己，而且谁也不会被气得离家。但是这次的情况把我吓坏了，我说不出心里的感觉，简直快被这些事搞疯了。

　　对琳恩来说，一人独处的感觉就像掉进黑洞似的，这种绝望会渐渐地将她吞没。这黑洞是世界上最可怕的东西，每次杰夫离她而去时，它都会在她眼前慢慢扩大开来。

　　当杰夫的旧卡车报销，而他也想换部新车时，我们遇到了婚姻中的一次大危机。除了计划买新车，我觉得杰夫还可以做些别的事，比如去别的牧场看看是否有工作机会。当我告诉他我们可能买不起新车时，他非常生气。我并不想吵架，只是如实相告，我们的钱确实不够用。几天以后，他指责我只想到钱，一点也不在乎他想让我生活得更快乐而付出的努力。他认为，也许让我自己独处几天，我会比较高兴，于是他走了，四天没回家。我急得快发疯了，最后在他弟弟家找到了他。我求他赶快回家，他却说，除非我表现出尊重他的诚意，否则他不会回家。

杰夫像只受伤的动物，对他在这段关系中的地位格外敏感，任何暗示他"吃软饭"的表示对他而言都是侮辱。虽然过去数十年来，我们的社会组织已经有了重大变革，但杰夫和琳恩的这种关系还是在社会常规之外。毕竟，妻子或女友赚的钱比自己还多，常常会让男性觉得自己身处一种需要保护的不利位置。虽然杰夫和琳恩已经在财务方面达成共识，但在杰夫看来，无论他想买什么东西，琳恩都推三阻四。这下子，他没有经济收入的状态不再理所应当，这段关系失去了平衡，他开始向琳恩施压，想获得一种心灵上的宁静。

而琳恩已经从困惑、害怕变成有些惊恐了。亲密关系的转变让当事人有一股极度的恐惧感，因为这是让我们最感脆弱的领域。我们有办法让自己一辈子都活得自信满满，可是在遭到亲密伙伴抛弃的时候，我们不堪一击。

> 我求了半天，杰夫终于回家了，但是他变得沉默寡言，弥漫在我们之间的紧张气氛让我不得不采取一些行动。我快受不了了！以前我的父母也曾经这样，疏离、愠怒、沉默，但又维持着一种假惺惺的礼貌，我讨厌这样！我曾经发誓再也不要经历这种难堪的日子，所以我得做些事来改善这种情况。我仔细地思考，扪心自问：到底是杰夫重要？还是钱重要？

不久后，杰夫便开上了一辆新卡车。姑且不论杰夫上述表现的目的是不是这辆卡车，这个结果让他感到自己在这段关系中获得了些许平等，对于如何让琳恩让步，他也有了些"心得"。杰夫也许还没有利用琳恩对愤怒、沉默、被遗弃的恐惧感开发出一套成熟的策略，但他已经清楚，事情不如愿时，他有哪张王牌可以打。他们之间发展出了一种相处模式：每次杰夫出走，琳恩就会开始感到恐惧。杰夫学到了一点，只要琳恩感到害怕，他只需用自己的情绪来勒索她，琳恩就会退让。这并不代表杰夫是个坏蛋，他也不想伤害她，只是这种方法能让他如愿。

因为杰夫情感勒索的着眼点都是金钱，所以琳恩看起来也像个尽力维持收支平衡的会计，在想方设法避免直面自己恐惧的那个"黑洞"。她常常会思考这样的问题。

> 我实在快被杰夫逼疯了，但没有了他，我也不确定自己会过得更好。跟他在一起到底值不值得？他的生活完全依靠我！

琳恩也谈到了她在情感上依赖杰夫的事实。

> 我怎么能考虑和杰夫分手，然后再找个男人从头开始呢？我真的很害怕回到和他结婚前那种必须一个人面对沮丧的日子。

我告诉琳恩，她这种做法实在是因小失大。没错，他们俩因为财务问题而有些摩擦，但对被抛弃的恐惧感让琳恩变得盲目，让她无法在杰夫对她进行情感勒索时客观地看待他们之间的关系。琳恩并不是做出了合理的让步，而是让杰夫操控一切，自己则心怀怨恨地举手投降。

恐惧感让我们进入非黑即白的思考模式。琳恩相信，如果她和杰夫起了冲突，杰夫就会离她而去，所以她只有两个选择：一切听他的，或是跟他分手、独自品尝孤独"黑洞"的滋味。我告诉琳恩，她还有第三个选择，让我和她一起处理他们夫妻目前面临的相处困境，并想办法减轻她的恐惧感。

对愤怒的恐惧

愤怒与恐惧似乎相伴而生，前者让后者迅速地浮上台面，激发我们体内想要战斗或是逃离的两种反应。很少人是在愉悦轻松的状况下遇到这两种情绪的，因为它们通常伴随着冲突、失去甚至暴力而来。这种令人不悦的恐惧感其实是可理解并具有保护作用的，它让我们在愤怒可能造成物理伤害时采取躲避或逃跑的反应。但在亲密关系中，只要这种关系还没有演变为身体虐待，愤怒其实只是一种情绪，无所谓好坏。我们在生活中建立起了对自己或他人怒气的担忧与不安，然而反过来说，这种情绪也会极大地影响我们对抗情感勒索的能力。

对许多人来说，愤怒的任何形式都是非常危险、值得恐惧的，不但别人的愤怒令人害怕，自己的也是。这几年来，我听过好几千人诉说，他们害怕自己一生起气来，就会失去控制，伤害别人或者自己。只要听到别人的声音中透露出一点愤怒，我们就会开始害怕被拒绝、被反对或是被抛弃，甚至联想到暴力或伤害。

我在上一章提到的家具设计师乔什，由于父亲并不赞同他和现在的女友交往，他已经快被父亲逼疯了，但父亲的怒气却让他不敢采取任何行动。"我现在唯一能做的就是试着和他好好讨论这件事，但我一这样做，他的态度就变了。"乔什说，"他整个人忽然紧张起来，声音也提高了二十分贝。我看着父亲的表情，听着他的吼声，虽然我比他高了十厘米，但我还是害怕他。"

父母有唤起我们幼时恐惧的能力。乔什回忆道：

> 在我还小的时候，父亲常常生气地大声吼叫，让我害怕房子可能会倒下来压到我们。听起来很荒谬，虽然这几年他没那么暴躁了，但只要他一不高兴，那种感觉就又回来了，我觉得自己仿佛又变成那个怕他怕得要死的小孩。

我们幼时经历的事件与感觉其实仍存在于记忆中，只要遇到了困难与压力，这些记忆就会重现。虽然作为成人，我们会告诉自己，这些感觉已经是几十年前的事了，但心中作为孩子的部分却让我们觉得一切似乎仅如隔日。即使目前我们周围并没有令人害怕的情况发生，我们的情绪记忆却还是会让我们停留在旧时的反应模式中。

条件反射

有时候，只要让我们害怕的行为征兆一出现，我们就会不由自主地开始恐惧。"只要父亲脸一红，眉头紧皱，我就什么也不敢做了，"乔什说，"他根本不用对我大吼。"

很多人在高中或大学时都学过初级心理学，也许还记得俄国心理学家巴甫洛夫，以及他在狗身上做的经典条件反射实验。巴甫洛夫研究的是狗的消化过程。他发现，狗一见到食物，就会开始分泌唾液。他也注意到，如果他在喂狗的同时按铃，几天后，狗就会把铃声与食物联系起来，只要一听到铃声，它就会开始分泌唾液，哪怕没有看到食物。同样地，受到情感勒索行为影响的人也会因为记忆中难以忘怀的恐惧，产生相似的条件反射。

这些恐惧可能包括：丈夫威胁要离开妻子，而且真的离家出走了几天；已经成人的子女对父母的某些行为感到不满，好几天不和父母说话；某位女性的朋友心情沮丧，对她大呼小叫。即使时过境迁，这样的记忆仍无法抹去，于是这些事便成了痛苦的标记。情感勒索者不但会让这些恐惧记忆重现，还会施加压力以达到目标。

对乔什来说，只要父亲一个微愠的脸色就够他受了，他会马上找到最安全的解决方式——对父亲撒谎。虽然他实际上和贝丝保持着关系，但是他会告诉父亲，自己已经和她分手了。这只是权宜之计，但乔什付出了巨大的代价，他玩了一个"苟且偷生"的危险游戏，我们将在本书中看到其他许多相似的例子。乔什付出了什么代价？他的自尊受到损害，因为屈服于他人的愤怒而身心受到折磨，他和父亲的关系也会受到影响。

在黑暗中逐渐扩大的恐惧虽然难以察觉，却是真实存在的。我们的身体以及脑中的基本反应都告诉我们得避开，我们也这样做了，因为我们打心底认为，这才是生存之道。但事实上，我们的情绪健康恰恰需要我们采取相反的做法——直面自己最深的恐惧。

责任感

在踏入成年生活后，每个人都会被一些规则和价值约束。要对别人尽些什么责任？在职责、顺从、忠诚、利他主义、自我牺牲的原则下，我们又要遵循何种行为规范？关于这些规则，我们脑中有各种观念。我们以为这些观念完全是我们自己的，事实上却受到父母、宗教背景、社会既定规范、媒体和亲朋好友的种种影响。

一般情况下，我们对责任和义务的定义都很合理，它们为我们的社会生活打下了伦理与道德的基础，我认为它们是不可或缺的。但是，当我们衡量我们对自己对他人的责任时，却经常失去平衡。我们对责任的强调过了火。

情感勒索者从不放弃考验我们责任感的机会，他们不断强调自己牺牲了多少，为我们做了什么，我们应该如何回报他们，甚至还用上了宗教及社会传统来强调这些论点。

- 孝顺的女儿就应该多陪陪母亲。
- 我为这个家做牛做马，而你们只需要在我回家时好好待着，连这样都不行吗？
- 你要尊敬（或服从）你的父亲。
- 上司总是对的。
- 你跟那个混蛋谈恋爱的时候，我可是帮过你的。现在我不过想向你借两千块而已啊，亏我还是你最好的朋友！

情感勒索者会为"施与受"设定新的界限，他们会告诉你，不管你喜不喜欢，对他们有求必应是你的责任。我们如果平时受到他们慷慨对待，此刻会感到非常困惑，所有"爱"和"自愿"的动机，全被"义务"和"责任"取代，并从此消失了。

这让我想起一位咨询者，她也是情感勒索者的目标，而且被所谓的"义务"和"责任"压得死死的。37岁的玛丽亚是一位医院管理人员，丈夫是一位颇有名的外科医生。她非常乐于助人，就算你在凌晨4点觉得沮丧，她也会马上赶到，因为她爱极了那种对别人付出关怀后的满足感，她对身边人的关怀就像是永远不会枯竭似的。

在她不甚平静的婚姻中，丈夫杰就利用了她这种人格特质。

在我们结婚的那个年代，嫁人、生子、做个贤妻良母是女人最重要的工作，也许杰就是因为这个才娶我的。我喜欢我的工作，但是，打理家庭生活才应该是我的主要任务。我参加过教会举办的一个座谈会，学到了一些我至今仍奉行不渝的道理：想要让一段亲密关系长长久久，其中一方必须做出某种牺牲。如果你能奉献一切，并向上帝祈祷，你就能万事顺遂。我十分重视自己在家庭中担负的责任，杰当然很清楚这点。

就这样，杰利用了玛丽亚对家庭的责任感好几年。他不断强调——也许他也如此深信着——不论他做了什么，他仍是一个慷慨的丈夫，充分履行了自己对婚姻的责任。

别人总是认为我们是完美夫妻，但没有人知道，他其实是个花花公子。在我们结婚之前，他常讲自己的风流韵事给我听，还吹嘘说有很多女人倒追他，深深迷恋他。这些事我一点都不想听，但仔细想想，在这么多女人之中他还是选择了我，让我心里一阵窃喜。现在我才知道，当时的想法真是幼稚。

我不知道结婚后他还在外头偷了多少腥，但我多少有些耳闻。他常常说要出城开会或是加班到很晚，找的借口破绽百出，加上他对我日渐冷漠的态度，都让我察觉到有事发生了。还有一些"朋友"会打电话告诉我，他们看到杰和某某女人走在一起。我的直觉告诉我，这些事绝对不可能是无中生有，但我花了很长一段时间才有勇气去面对。那时，所有事情都一团混乱，我只觉得自己亏欠他——毕竟他曾为我们的关系努力过。

杰扮演了一个主动的角色，强迫玛丽亚无论如何都跟他在一起，因为他认为这是她的责任。

杰当然否认这些指控。"你怎么会去相信这些恶意的中伤！"他告诉我，"我努力工作，做出这些牺牲，还不是为了给我们家最好的东西。有多少次，如果不是为了你，我根本不想在医院里待到那么晚。现在你竟然用这个来指控我！你怎么能打算离开我，破坏这个家？看看周围别的女人，我不敢相信你竟然一点都不珍惜现在拥有的一切！"听他这么说，我不禁觉得自己的确对他不够忠诚又缺乏信任。还有我的孩子，我真的很爱他们，孩子们也都深爱着杰，我怎么能毁掉这个家呢？

然后，杰把手放在我的肩膀上，在我耳边低语："穿上我最喜欢的那条黑裙子，我带你去吃晚餐吧！我再也不想听到'离婚'这两个字。你不要再听信那些闲言碎语了。"我挤出一抹微笑，穿上那条裙子，就像什么事都没发生过似的跟杰出去吃饭，但我心里一团乱。

杰知道玛丽亚最在乎什么，他会告诉她两人关系破裂可能产生的后果，直击她对家庭的责任感。他告诉她，这意味着她不仅抛弃了辛勤工

作的丈夫，还剥夺了孩子得到的关注与幸福感。

因为不愿毁掉家庭，许多人宁愿继续维持早已破碎不堪的关系。没有人会愿意让孩子经历家庭环境的剧变，或处理他们面对的痛苦与困惑。有些情感勒索的受害者确实会出于对孩子的责任心，甘愿做出他们眼中所谓的"牺牲"，放弃追求更好生活的权利。即使目前的生活并不如意，但一想到可能造成家庭破碎，玛丽亚就不愿意采取任何行动。

玛丽亚的责任感非常强，支配着她的生活。玛丽亚以这份责任感为荣，出自本能地不容许自己有任何不够负责的举动。但杰一次又一次地扭曲了义务与责任的真正含义，他将事情的焦点转移到这个夸张的定义上，使其掩盖了自己不忠的事实。根据杰的定义，玛丽亚得随时随地尽她对杰的责任；而杰是否要尽到他对玛丽亚应尽的责任，全凭他高兴。杰在一味指责玛丽亚对他做了什么的同时，并没想到自己到底对妻子和孩子做了什么，当然也不会顾虑到他的风流韵事已经给家人带来了巨大压力，造成了深刻影响。如果情感勒索者能在要求别人为他们着想的同时也考虑到他人的感受，那可就天下太平了。

在夫妻感情触礁之时，杰却不愿意做出任何努力，因为他可是个大忙人，而且根本没有必要——他觉得自己又没做错什么。他认为如果玛丽亚心情郁闷，她应该自己想办法调节，回到原有的轨道上。

我提醒玛丽亚，不管今天杰或者其他任何人采取什么态度，她在为别人着想的同时，更要好好照顾自己。玛丽亚今天这种任丈夫宰割的局面并不是出于自尊或经过深入思考后选择的结果，而是遭遇情感勒索状况时的自然反应。

和那些常常受制于责任感的人一样，玛丽亚总是把别人的利益放在首位，而忽视了自己的需求。但是，要清楚界定责任并不容易，一旦责任感超越了自尊与自我关怀，情感勒索者很快就会明白该怎么利用这一点了。

亏欠的无底洞

有些情感勒索者会在陈年旧事里寻找对受害者予取予求的借口。由情感勒索者操控的记忆仿佛成为一个全年无休的电视频道，不断播放他们过去对我们的好意与慷慨之举。

只要情感勒索者曾经对我们施恩，他们就不会轻易遗忘。与其说这是份礼物，其实更像是一项没有上限的贷款，我们得连本带利偿还，而且往往会入不敷出。重点是，情感勒索者所谓的牺牲并不是真心的，只是为日后索取回报预先做的准备罢了。

以其人之道还治其人之身

在琳恩向我求助初期，我赫然发现她也开始使用一些情感勒索的手段反击杰夫。我邀请杰夫来一起讨论这个问题，他详细描述了事情的经过。

> 我有一次甚至因为和琳恩起了争执，负气离开家几天。那次我们为车的事情吵了一架，她打电话到我弟弟家找我，那是她第一次清清楚楚地表达她对我们关系的真正看法。她在电话那头哭个不停，最后开始冲我吼："如果你真的爱我，就不会这样对我！你怎么能这么自私？你每次都只想从我这里拿这个，拿那个，你知道到底是谁在拼命赚钱，是谁在付账单。我为你牺牲这么大，你怎么可以就这样离开我？你如果再这样想不理我就不理我，就别想再拿到一毛钱！"这个时候，我就知道我们俩麻烦大了。这样对待彼此的方式让我们感到很害怕，于是我们决定一起来接受治疗。

就像许多情感勒索者一样，琳恩也转而把矛头指向杰夫对她的亏欠，同时对他的人格和动机做出许多负面的道德判断。她用尽一切办法要求杰夫留下来，因此过分地强调他的责任，想要让他与自己一样恐惧。琳恩在可怜兮兮地要求杰夫回来的同时，已经丧失了主导权，为了重新获得它，她也开始扮演情感勒索者，在两人的关系中掌握主动。

受害者和情感勒索者的身转换，在任何关系中都可能发生。双方情感勒索的频率可能不均衡，但只有一方扮演情感勒索者的情况很少见。我们也可能在一段关系中是受害者，到另一段关系中又成为勒索者。举个例子来说，如果上司总是用情感勒索的手段对付你，因为你不能或不愿对他表露出长期累积下来的挫败感与怨恨，这些消极情绪会让你用相同的手法去对待伴侣或是孩子，以重新获得一种掌控感。或者，就像琳恩和杰夫的例子一样，会在同一段关系中发生角色对调，受害者会转而使用情感勒索的方法去对待勒索者。

你需要在生活中平衡义务的比重。义务尽得太少，会让我们缺乏责任感，但如果把事事都揽在身上——就像琳恩那样为每一项奉献索取回报——我们会被无法逃避的感情债和随之而来的怨恨压得喘不过气来。接着，情感勒索可能就会不知不觉地缠上来。

罪恶感

作为一个有良知、负责任的人，罪恶感可说是一项必备的人格要素。在未被扭曲的状态下，它也是一项意识工具，只要我们违反了自我与社会的规范，它就会让我们产生不舒服与自责的感受。如此一来，我们的"道德指南针"便会得以运作。它带来的痛苦感受能鞭策我们做些什么予以缓解。为了避免产生罪恶感，我们会避免做出伤害别人的举动。

我们信任这种能主动运作的行为规范，也相信只要有罪恶感，就意味着我们在待人处事方面出了界，有意地违背了我们为自己制定的原则。在某些情况下，只要我们对别人做了一些具伤害性的、违法的、残酷的、施虐的或是不诚实的行为，罪恶感就会自然且适时地开始运作。

　　只要我们是有良知的人，罪恶感的规范便无所不在。不幸的是，罪恶感很容易出错。我们的罪恶感就像一个过于敏感的汽车警报器，连卡车驶过都能让它响起来。这时，我们不仅会接收到应得的罪恶感，还会体验到过度的罪恶感。

　　这种"欲加之罪"导致的罪恶感对界定和修正错误行为毫无帮助，反而成了情感勒索者布下迷雾的主要武器，其中充斥着责备、控诉以及自我惩罚。简单说来，欲加之罪的制造过程如下。

　　①我做了某事。
　　②对方心情沮丧。
　　③不管那是不是我造成的，我都愿意负全责。
　　④我觉得有罪恶感。
　　⑤我愿意做任何事来弥补，只要能让我感觉好点儿。

更具体的行动步骤如下。

　　①我告诉朋友今晚不能和她一起去看电影。
　　②朋友心情不好。
　　③我觉得很抱歉，而且深信朋友一定是因为我出尔反尔才会不
　　　高兴。我觉得自己真是个坏人。
　　④我最后还是取消了原先的计划，陪朋友一起去看电影了。她
　　　的心情变得好些，我也不那么自责了。

　　欲加之罪或许和我们是否真伤害了别人的感受无关，关键是我们相信自己的确做了伤害别人的举动。情感勒索者会要求我们对所有抱怨及不满负全责，并拼尽全力将原来正常运作的"罪恶感机制"变成"欲加

之罪生产线"，不断点亮罪恶感的提示灯。

这种影响是很强烈的。我们都愿意相信自己是好人，但是情感勒索者却用欲加之罪让我们对自己和善、负责的固有评价打了个大问号。我们会觉得自己该对情感勒索者的痛苦负责，甚至当他们表示我们的拒绝加深了他们的痛苦时，我们也深信不疑。

推卸责任的游戏

对情感勒索者来说，制造欲加之罪最快的方法就是推卸责任：不管遇到什么令人沮丧的事或问题，全把它推给受害者就对了。既然我们拥有的罪恶感机制会让我们扪心自问"我是否伤害了别人"，那么大部分的人自然会在被直接指控伤害了某人的情况下产生罪恶感，而没有考虑我们是否真做了伤害对方的事。有时候，在发现指控与事实不符时，这样的罪恶感不会出现；但在多数的状况下，我们会先道歉，之后才会去仔细检讨情感勒索者的这番指控——如果我们还记得这样做的话。

我们常谈到传播罪恶感，但我认为对这种状况更准确的描述应该是推卸责任。善于推卸责任的情感勒索者，会不断地用一种推销员般的口吻猛轰我们，以引起我们的注意。虽然他们的技巧会略有变化，但想传达的主旨只有一个：不管发生什么，都是你们的错！

- 我现在心情很糟（这都是你的错）。
- 我得了重感冒（这都是你的错）。
- 我喝了太多酒（这都是你的错）。
- 我今天工作很不顺利（这都是你的错）。

看到这样一张清单时，你也许会觉得有些可笑——如果这些抱怨影响不到我们还好，但我们常常会无法判断这些令人困惑的信息是真是假，尤其当对方是你关心的人时，你更会觉得他心情不好的确都是你的错。这样一来，情感勒索者就乐得不跟我们解释清楚，因为我们都会默默承担，而且还觉得自己充满罪恶感。这时，只有让情感勒索者顺心如愿，我们才能释怀。

三感交织

当情感勒索者想要一步步操控我们时，你会发现，构成迷雾的三种情绪要素是密不可分的。只要你在周围发现迷雾中的任何一项要素，它的"伙伴"也就离你不远了。

从玛丽亚的例子来看，责任感与罪恶感已形成了一股密不可分的态势。因为没完成任务而产生罪恶感的人实在不少，玛丽亚正是其中之一。

> 杰告诉我，如果我们分手，那一定是我的错。我会在夜里躺在床上，思考无法成为一名合格的妻子和母亲会有怎样的后果。深沉的罪恶感一直纠缠着我，老实说，我困惑了好长的一段时间。我不想让孩子难过，天哪，他们的生活不应该变得这样支离破碎！以往我为孩子牺牲奉献的一切，似乎都因为我"打算毁掉家庭"而被全部否定，我说不出"离婚"这两个字，因为这样会让我觉得自己太自私了。

玛丽亚再一次把自己的需求放到最后考虑，也因为这样，杰才能立于不败之地。虽然杰的举动让玛丽亚感到气愤和伤心，但她心中日渐扩大的罪恶感却也让她无暇考虑这些感受。

很多人都以玛丽亚这种方式和情感勒索者进行互动，让怨怼与自怨自艾逐渐侵蚀自己。但是，如果一段婚姻或友谊失去乐趣和真正意义上的亲密，它就只剩一个空架子了。

不会停止的勒索

只要让情感勒索者抓住你的把柄，时间就不重要了。即使目前一切太平，他们还是能从过去的事情中找到素材。他们不会放过任何一件引发你罪恶感的事，也不会认为你的弥补已经够了，无论你以前做了什么，情感勒索者都可以一次又一次地提起——旧事重提对他们来说，根本是家常便饭。

我们在第二章提到的那位护士凯伦，就是在女儿的阴影下过活的最佳例子。她的女儿梅兰妮，让凯伦时时刻刻都无法忘记多年前的一次意外事件。

这件事说来话长。梅兰妮的父亲在她小时候因为一场车祸丧生。在那次车祸中，她也受了重伤，脸上还因此留下了疤痕。我带她做了几次手术，现在她看来与常人无异，但她还是对额头上的一些小疤痕耿耿于怀。我知道这件事对她而言多么痛苦，所以付钱让她参加了几年心理治疗。

即使这件不幸的车祸是另一方的不慎导致的，我还是花了很长的一段时间才逐渐抚平心中的罪恶感——如果我们开慢一些，如果我们晚走一天，如果……也许就什么事都不会发生了。梅兰妮更是时时刻刻提醒我，要不是因为我坚持要来次休闲之旅，如果不是我自私地想要多休息几天，我们的车就不会出现在那条街上，车祸也就不会发生了。我知道这样想很不理性，但我就是会深陷其中。最后，对于梅兰妮，我只能采取"她要什么，我就给她什么"的补偿办法。

无论凯伦怎么做，梅兰妮都不让这件事就此烟消云散。就像许多受到情感勒索的人一样，凯伦也发现，屈服于这些情感勒索者，只会让他们得寸进尺而已。

有时候我会想，我这辈子都得这样过吗？我想帮梅兰妮，但无论我怎么做，似乎都无法弥补她。我知道她自身的问题不能归罪于我，但似乎在那个喝醉酒的混蛋撞上我们的那一刻，一切就注定了。

凯伦的罪恶感中混杂了她对女儿的责任感。对她来说，即使错不在她，这股无法释怀的罪恶感仍会让她觉得亏欠了女儿。而且，如果凯伦看不到真相，她会一直努力满足梅兰妮所有的要求，以此作为对她的补偿。

当正常的罪恶感失去控制

我们对罪恶感存在反应是正常的，但情感勒索者存心不让我们忘记自己犯的错，也不会让这种罪恶感发挥前车之鉴的功能。第一章中提过的那位律师鲍勃，曾对妻子史蒂芬妮不忠，后来急欲弥补自己的过失，努力与妻子重修旧好。但是，受对严重打击的史蒂芬妮却不愿意就此罢休，总要旧事重提，因此鲍勃要努力面对的，是已经十恶不赦的罪恶。

我不知道还能做些什么来补偿史蒂芬妮，我得出去工作，所以根本没办法一天到晚陪着她。我不知道怎么样才能让史蒂芬妮重获安全感，她完全不告诉我该怎么办，但也不会放过我。既然我让她不好过，她就要让我承受同等甚至更多的折磨。天啊！就算罪犯也有出狱的一天，我却永远没办法获得假释！

史蒂芬妮当然有权利感到生气和受伤，但她却让彼此都陷入时间的泥淖中，还利用鲍勃的罪恶感来控制他。只要他们的互动还依靠罪恶感进行，他们的关系就没有修复的可能。只有当他们两人都能控制这种微妙的情绪，这段婚姻关系才有可能走出情感勒索的冰窟。

因此，罪恶感就像情感勒索者手中的中子弹，一段亲密关系如果遭到这种打击，即使表面看来依旧坚固，但其中的互信与亲密感已逐渐流失，关系已经名存实亡。

迷惘与困惑

很多年以前，我曾经住在一个靠近海滩的社区，那里一年有好几天夜里都会起大雾，而且整夜不散。有一天，我很晚才下班回家，那天的雾气又特别重，我只好努力地在雾中寻找回家的路。当我看到自己住的那条街和车道时，真是松了一口气，但不知道为什么，我就是没办法用遥控器打开车库大门。下车查看，才发现原来我开到了邻居的车道上。只有在做完一件事后，我才知道自己做了什么。

我在雾中迷路的经验与我们在情感勒索的迷雾中摸索的过程其实是一样的。即使我们的方向正确，情感勒索者还是有办法让我们在熟悉的情境与关系中感到迷失。

我们如果让迷雾操纵了我们的生活，将很难得到情绪上的平静。这种手法会瓦解我们的洞察力，扭曲我们的个人生活经历，钝化我们对周遭事物的感知能力。迷雾会越过我们正常的思考过程，直接激发我们内心的情绪反应。我们被突如其来地击倒，却还不知道是什么打中了我们。于是，情感勒索者获得了压倒性的胜利。

制造迷雾的四大手法

情感勒索者到底是怎么在一段亲密关系中创造迷雾的？在令人沮丧的"要求——施压——屈服"的相处模式中，情感勒索者又是怎么让我们将自己最重要的利益弃之不顾的？我们将近距离剖析情感勒索者最常使用的手法，看看这个过程如何实现。

勒索者会着重迷雾中的一种或多种要素，使用一种或多种手法，逼我们不得不屈服于他们的要求，否则我们可能会被这股压力压得喘不过气来。这些手法还会将情感勒索者的行为合理化，让他们近乎无理的行为看来更容易被接受、更情有可原。就像那些会对孩子说"我这样做都是为了你好"的父母一样，情感勒索者也是这方面的专家。他们通过这些手法，让我们相信即使他们用上了情感勒索的手段，也全是为了我们好。

这些手法会不停出现在各种情感勒索的场景中，所有的情感勒索者都会用上一或两招。

二分法

在自诩"聪明"且"出于善意"的情感勒索者看来，我们之所以会与他们发生冲突，是因为我们昏了头。简单来说，坏人是我们，他们则是无辜的。从政治学观点看，这种通过好坏分类看待问题的方法被称为"二分法"，而情感勒索者就是二分法的专家。他们会粉饰自己的人格特质及行为动机，让这些行为看起来十分高尚；至于我们的行为，则会频频遭到质疑，在他们眼中甚至显得污秽不堪。

二分法的专家

有一天，我接到玛格丽特打来的电话，她说自己的婚姻正面临严重危机，不知道有没有办法挽救，于是我们约定了会面时间，她也依约准时到来。当我第一眼看到她的时候，她迷人、优雅的风采着实让我惊艳。玛格丽特约摸 40 岁出头，在遇到现任丈夫之前，她已经离婚 5 年了。她和现任丈夫卡尔是在教会活动中相遇的，经过一段短暂而频繁的交往之后，他们决定共度一生。玛格丽特来找我时，他们已经结婚一年了。

我实在感到很困惑而且沮丧，我需要一些答案——到底是我对还是他对？刚开始，我真的认为自己找到理想的伴侣了，卡尔不但风度翩翩、事业成功，而且非常善良体贴。我们是在教会相遇的，这件事对我来说真的很重要，因为这代表我们拥有相同的价值观和信仰。在我们结婚 8 个月后，卡尔竟然要求我和他去参加一场淫乱派对，你可以想象我当时有多震惊！而且他已经参加这种派对好几年了。他说自己非常爱我，所以希望能和我分享一切。

我跟他说，我绝不可能去参加这种令我作呕的活动。他极度讶异，说他爱死我的性感了，他希望能介绍我参加这种能丰富我生活的活动。他知道告诉我这件事有点冒险，但能证明他对我的爱，因为他想和我分享一切。如果我愿意和他一起去，就能证明我对他的爱。

我说我绝不会去，卡尔表现出了受伤的样子，而且有点生气。他说他以为我是个自由、开放、体贴的人，没想到我竟然这么假正经，像个保守的清教徒，这不是他爱的那个人。接下来的话更像刀子般令我心痛。他说如果我不愿参加的话，他有很多旧情人愿意陪他去。

就像所有的二分法专家一样，卡尔把自己的需求说得非常光明正大、理所当然，而把玛格丽特的反对解读得十分消极。情感勒索者会让我们觉得，他们希望我们做的事更令人愉悦、更开放、更成熟，所以我们应该听他们的。他们认为自己提出的建议才是最棒的，他们有权让我们照做。同时，无论是用直接还是委婉的方式，他们都会为我们贴上自私、拘谨、幼稚、愚昧、不知感恩、脆弱等标签。只要我们稍有不从，我们真正的需求就会被他们扭曲成人格上的缺陷。

卡尔甚至暗示，是玛格丽特从前的行为误导了自己，但只要她愿意跟他一起去，证明自己像卡尔希望的那样是个开放、性感的女人，他对她的批判便可以一笔勾销。

令人困惑的刻板标签

这次，我把重点放在卡尔给玛格丽特贴的标签上，因为二分法的技巧包括用到许多形容词——情感勒索者先会对自己和勒索对象使用积极的形容，但如果对象不愿就范，他们会立刻搬出一堆消极的描述。卡尔认为自己与玛格丽特的分歧表明问题出在玛格丽特身上，接着给她贴上一些标签以强化自己的立场。这种情况会让人茫然失措。情感勒索者强加在我们身上的标签与我们习惯的那些不同，没过多久，就会让我们对自己给事物贴的标签产生怀疑，开始将情感勒索者对我们的观察力、人格、价值、欲望和观念方面的质疑内化。也就是说，我们已经深陷在最险恶的迷雾中，就像玛格丽特的情况一样。

> 我无法将现在的卡尔和当初跟我结婚的人联系在一起，我怎么会看走了眼呢？真是让人不敢相信。现在的情况是，他用一种你能想到的最理性的方式，让事情看起来仿佛是我让他深信无论他想做什么，我都会陪他的。他不断强调，这件事对我们的夫妻关系会有多么好的促进作用。因此，我不禁会想，是不是因为我不了解这

种派对的来龙去脉，才会这么反应过度？如果我能多了解卡尔的想法，这件事可能没那么惊世骇俗。我实在不知道怎么想才对。我在想，也许是我太拘谨、太正经了，也许只是因为我对这件事不了解。我开始觉得，是不是我真的有问题，我太小题大做了？

玛格丽特原本十分自信，相信这种派对绝不会对她自己和婚姻有什么好处，但卡尔的言论让她开始怀疑自己。当二分法开始运作，我们就会对是非产生怀疑，让我们质疑自己对我们和勒索者之间关系的观点是否正确。我们后来之所以会让步，是因为我们认为我们的朋友、爱人、上司或家人应该都是处事正确、心地善良的人，而不是刻薄、冷酷或手段强硬的人。我们想信任别人，而不想承认他们只想给我们贴上令我们感到羞耻的标签，以此来控制我们的思考与生活。

玛格丽特努力想为目前的情况找到一个合理的解释，让它符合她想象中与卡尔的幸福生活图景。一定有什么东西是她目前还不理解的，因此卡尔的要求才让她那么难以接受。如果玛格丽特对卡尔的怀疑是正确的，那她要如何看待他们的婚姻和卡尔本人呢？这些问题很可怕，从某种程度上说，玛格丽特根本不想面对它们，她压根不想承认自己看错了卡尔。因此，与其面对那些令人不舒服的事实，接受卡尔的建议才是更轻松的选择。

卡尔在引起玛格丽特自我怀疑的同时，也重重地威胁到了她的责任感。依据他的说法，跟他一起去参加淫乱派对是玛格丽特做妻子的责任之一，他不需要一个不能答应他这个要求的妻子。可想而知，当卡尔声称要带愿意答应他这个"合理"要求的女伴代替她前去时，玛格丽特会有多么惊讶和动摇了。

很不幸的是，玛格丽特最后还是屈服了。

真不敢相信，我竟然屈服于他的压力之下，同意去参加那个对他来说意义重大的活动。我感到耻辱，我憎恨在那里的每一分钟。我觉得自己很脏，感到愤怒和深深的压抑。

这团迷雾非常浓密，让玛格丽特迷失了方向，最后，她会选择做出一种自己此前无法想象的行为，其实一点都不让人感到惊讶。

把责任推给受害者

很多情感勒索者除了对受害者的观察力抱持怀疑态度外，还会挑战我们的人格、动机及价值观，以此向我们施加压力。这种手段在一般的家庭纠纷中最容易出现，尤其在父母想要控制成年子女时更为明显——这个时候，所谓的爱和尊敬就被等同于完全的顺从，情感勒索者如果发现事与愿违，会认为受害者背叛了自己。情感勒索者万变不离其宗的套路就是声称"你这样做就是为了伤害我，你一点也不关心我的感受"。

乔什与贝丝坠入爱河后，开始考虑打破宗教上的限制与贝丝结婚。他知道父亲会因此而生气，但他没想到的是，父亲竟然会因为要他回心转意而做出一些出人意表的行为。

我不敢相信父亲说的那些话，听起来就像我在进行一项毁掉他生活的大阴谋！为什么我要这样折磨他、伤他的心？才一个晚上，我就从乖儿子变成了大混账。

乔什已经离家好几年了，但只要一听到父母说"你伤了我的心""你让我失望透顶"之类的话，他还是会像大部分人一样，感觉恍如胃部遭到一拳重击。

如果这类伤感情的字眼还是从亲近的家人口中吐出的，我们行为的内在指南针将会失去功用，而让自我评价开始动摇。显而易见，在这样的情况下，我们会被情感勒索者贴上"冷酷""没用"或"自私"的标签，但如果指控是来自父母——在我们性格形成关键期陪伴我们的人、智慧与正直品质的榜样——会更令人难以承受。对我们使用二分法伎俩的父母，会比任何人都快速地瓦解我们的自信。

病态化

有些情感勒索者会表示，我们之所以不遵循他们的要求，只可能是因为我们病了，要不就是疯了。在病理学的范畴内，这样的行为被称作"病态化"（pathologizing）。在病理学中，这个字来自希腊语 pathos，原指痛苦或深沉的感受，但目前多指疾病。当我们不愿意顺从情感勒索者时，他们就给我们套上神经质、心术不正或是歇斯底里的帽子，将我们病态化。最令人难过的是，他们还会旧事重提，把我们关系中那些令人不悦的过去甩到我们脸上，来证明我们情感上的无能是这些事的罪魁祸首，进而瓦解我们对彼此关系的信任。

这种欲加之罪对我们来说，无疑是对自信与自尊的一大打击，这种手法是非常有杀伤力而有效的。

当爱成为要求

在一段亲密关系中，病态化通常的起因是欲望无法得到平衡。一方开始要求较多——更多的爱，更多的时间，更多的关注和更多的承诺——却无法达成时，他们就会开始质疑我们爱人的能力，以此来进行索取。很多人会为了证明自己爱人的能力和被爱的价值而做出牺牲，他们相信一点：如果有人爱我，我就得回报同等的爱，不然就是我有问题。

我有一位咨询者罗杰三十多岁，职业是编剧。他决定改变现况，与8个多月前在戒酒聚会上认识的一位女演员爱丽丝稍稍保持距离时，就遇上了"病态化"这个困境。

爱丽丝对我全心全意的程度是我以前从未体验过的，在认识之初，跟她在一起的感觉也非常棒。她会来我家，坐在床上读我写的剧本，赞不绝口。她似乎赞成我做的每一件事，像爱我一样爱我做的事。我为她倾倒，她好像看过世界上所有的电影，为人风趣，长相漂亮，而且她也认为我们是天生一对。

但几个月过去后，她开始对我施加压力，让我跟她同居。她不断强调我带给她的惊喜，她认为我们改变了彼此的人生。我能做的就是完全放弃抵抗，听从她的安排，让上帝引领我们展开一段完美的关系。爱丽丝还说，她理解我还在为去年跟前女友分手耿耿于怀，但是我必须面对这股恐惧，不要逃避。这番话听起来很不错，但是，一切进展太快了。

爱丽丝和罗杰花了很多时间谈论他们戒酒的进展，这是一种互助的活动。但是爱丽丝特别喜欢充当治疗师的角色，尤其在罗杰谈到他害怕双方关系进展太快时。爱丽丝总会告诉罗杰，这是因为他在试着掌控局面，他不应该再坚持己见。就算在这个早期阶段，爱丽丝都把罗杰的这种犹豫当作他戒酒后的神经过敏——但他已经戒酒11年了。罗杰重视爱丽丝的看法，虽然他经常隐隐感到自己开始被爱丽丝牵着鼻子走，但还是觉得爱丽丝应该是对的。因此，他同意爱丽丝搬进自己家。

爱丽丝对我们的未来有明确的计划，但我希望试着一步一步慢慢来——当有人这么爱你时，她那种强大的能量旋涡会让你身不由己。我承认她让我有点紧张，但我努力应付。然而这几个月来，她已经开始说到想要孩子了！她35岁，极度渴望生个孩子，她甚至认为我们可以不结婚，但生个孩子是我们的爱情与创意的绝佳表现。她给我读了好几本有关婴儿的书，还把我小时候的照片找出来，想看看我们未来的孩子可能长成什么样子。真是够了！我还不能确定要不要跟她共度余生，也不能确定自己想不想当爸爸。我需要写作的空间。

　　我不是说我不爱她或否认她的优点，但我现在需要再想想，因为我不确定自己对爱丽丝的感觉是否像她对我那样强烈，我真的不太确定。所以，我告诉她我决定独处一阵子，好好想想。

罗杰的反应让爱丽丝大发雷霆。

　　她说，你说这种话让我很害怕。你说你爱我，可你刚刚说的话让我觉得你是个大骗子。我知道你的前一次恋爱非常失败，所以不敢跟我太亲近，但我却天真地以为你已经准备忘记过去、开始新生活了。我知道自己比较急躁，不过那是因为我以为我遇到了对的人。放心吧，我不会怎么生你的气，但我觉得你真可悲。生活让你感到害怕，让你甚至不敢尝试爱一个人，只想生活在自己写的小故事里。面对现实吧！你跟你那个花花公子的爸一样，其实喝不喝酒都一个德行！

罗杰尴尬地笑了一下，接着说：

　　我不断地想，爱丽丝说的话到底对不对？我的确不太容易建立一段持久的感情，也许我真的不知道要如何和爱我的人好好相处。

　　我告诉罗杰，他和很多人一样，都忽略了一件事实：无法像对方爱你那样爱他们并不是你的错。就像很多指控我们行为病态的人一样，爱丽丝用错了"爱"这个字。她依赖罗杰，不顾一切地想要完全拥有他，这些举动与成熟的爱情无关，对她来说，只要以深厚、强大的爱为旗号，她施加给罗杰的压力就是正当的。如果罗杰不配合她，对爱丽丝来说，唯一可以让她释怀的理由就是"罗杰有严重的心理问题"。

在罗杰要求更多空间时，爱丽丝用了这类指控者最常用的一种手法。罗杰曾经向她坦承关于他自己和家庭的不愉快的往事，她会用这些信息来攻击他。罗杰曾经告诉她，他父亲成功戒酒的秘诀是将上瘾的对象换成了女人，爱丽丝知道，像大多数人一样，罗杰非常害怕自己变成父亲那样的人。我们过去与情感勒索者所共享的秘密、恐惧与难以启齿之事，现在都成了他们唾手可得的武器的一部分；我们在亲密时刻向他们坦白的一些痛苦往事，如离婚、争夺小孩监护权或堕胎等，也都成了指控我们性情变化不定的罪证。爱丽丝指控罗杰戒酒过程中来之不易的成功是因为利用了她，正好戳到了罗杰的痛脚。

情感勒索者经常指控我们无法爱人或维持友谊的原因之一，不过是我们无法像他们爱我们一样，也投入同等的关心与亲密。我们很多人都无法承受花样百出的病态化攻击，尤其当我们将亲密关系视为对精神健康的一种测试时。尽管情感勒索者将我们的心理问题或缺点说成亲密关系失败的原因十分牵强，但这样的指控因为直指内心，通常都会奏效。

"你到底有什么问题"

不是所有的指控者都会直接说"你不正常"，病态化工具可能带有各种微妙的伪装。有一位咨询者凯瑟琳找到了我，在接受前任治疗师的几次诊疗后，她的自信心已经严重动摇了。

我准备一边做兼职会计工作，一边攻读企业管理硕士学位，这让我感到有些焦虑。但我焦虑的一个更重要的原因是，我之前经历了一段失败的亲密关系，现在我想搞懂，到底哪里出了什么问题，所以我去找一位朋友极力推荐的治疗师朗达。

一开始，朗达就表现出了一些不近人情的气质，但我觉得可能只是因为我需要一点时间去适应吧。不过我一直感觉她时不时就会挖苦我一两句。她最喜欢做的一件事就是搜集生活中处处春风得意的成功女性的剪报，并在课程开始时全都塞给我，美其名曰"激发动力"。这让我觉得自己一无是处。她似乎是在暗示我："你应该走这样的路，如果你乖乖照我的吩咐做，就能成功。"

她还带我去参加她组织的其他治疗小组，但我没什么兴趣。也许这样对我真有好处，但是，我的天啊，我还得花好多时间读书和工作啊，根本没空做这些。朗达则不这样想，她认为我就是太固执、太有操控欲，才落得今天的下场。

如果病态化的诊断来自一些权威人士，如医生、教授、律师或是治疗师，对我们会格外具有说服力。我们与这些角色的关系建立在信任的基础上，因此在我们心中，他们就像是一位智慧的导师，哪怕他们中有些人根本配不上这种评价。我们认为，他们会以开放、正直的心态对待我们，但我们都遇到过一些认为手中的执照可以让他们免受任何批评的专家。他们不会直截了当地说"你不行"，但是，他们会用一个姿势、一种刻薄或批判性的语气或是收紧的下颌明确地告诉你，你确实不行，你的观点也是错误的。

我可以从她的声音、肢体语言和态度中感觉到，她对我很失望。这种感觉真的很糟，我担心她可能会对我发怒。那意味着我可能真的有问题，毕竟，你的治疗师是你行为的终极裁判，连她都表现出不喜欢或者不认可你，那你一定有什么问题。而且，我一向对别人的愤怒和刻薄言辞感到恐惧，如果这个人还拥有某些权威，效果会加倍。

朗达这样的权威人士会高傲地表示，没有人能对他们提出质疑。他们告诉我们，他们的所作所为都是为了我们好，如果我们表示抗拒，只会证明我们固执、无知和性情反复无常罢了。他们是专家，即使他们伤害了我们对自己最深刻的认知，我们也不能对他们的建议或解读提出任何质疑。

危险的秘密

很多家庭都会有一些难言的家丑，比如虐待孩子、酗酒、精神疾病或自杀事件，家中成员都会很有默契地绝口不提。一旦有人打破依靠否认和保密维持家庭稳定的潜规则，坚持要把这些事摊在阳光下，家庭成员的一种典型反应便是给这种胆敢讨论自己讳莫如深的家族秘史的人贴上"疯子""不可饶恕"或"破坏者"的标签。这些年来，我专门为在童年受过性虐待、身体虐待或二者兼有的患者做咨询，在这个过程中经常看到这样的例子。他们心理状况逐渐好转之际，会想要谈谈当初的情况，却往往遭到亲友强力阻拦，不让他们打破沉默。

事实证明，一个家庭的问题越大，就越要阻挠其成员恢复健康的努力。这时，情感勒索很容易发生。他们威胁要抛弃、驱逐、惩罚或报复说真话的人，或是对其报以全然反对或鄙夷的态度，将其勇敢之举病态化为自私、多此一举和毁灭行为，瓦解他们的决心。

罗伯塔是一位30岁的电话营销主管，到现在依然为颈伤及骨伤所苦，这些伤都来自童年时父亲的虐待。我是在当时上班的医院遇到她的，那时她因为抑郁症入院治疗，我们一见面，她就告诉我，她已经受不了再为这个家保守秘密了。

罗伯塔决心面对自己童年受到的伤害，于是打算就当年自己的所见和遭遇向母亲寻求支持，但她没有获得想象中的理解，而是遇到了病态化的手段。

6个月前，我试着告诉母亲，身上到现在还留有一些父亲打我的旧伤痕。结果她完全不信我，还怪我把自己父亲说得好像杀人犯似的。我问她："你记不记得有一次爸爸抓着我的头发把我甩来甩去，还把我掼到地上？"

她看着我，好像我是从其他星球来的。她回答道："天啊，你这些妄想都是从哪来的？那些医生都对你说了什么？你是不是被洗脑了？"我说："妈，每次我被打的时候，你都站在门旁边看着呀。"我母亲气跑了，还说我真会捏造事实，简直是头脑有问题，怎么可以这样说自己的父亲？要我必须寻求心理协助，不能再扯这样的弥天大谎，否则她不愿意再跟我说话。

对于罗伯塔清晰的记忆，母亲不但全盘否认，还强迫罗伯塔忘掉一切，否则就要和她断绝往来。像罗伯塔这样只是想要求证往事的积极举动，常会被家人看作恶意，而被贴上"幻想""荒谬"甚至是"心理有问题"的标签。我们可能急需表达出自己受过什么伤害，但我们必须以决心、充足准备和他人的支持来应对无所不在、与长期虐待或其他深刻家庭问题伴生的病态化行为。

病态化行为会在我们最难抵抗的领域内发生。我们中大部分人可以轻易地应付对自身能力和成就的批评，因为我们周围的环境里充满了衡量这些因素的硬指标。但是，当一位情感勒索者指出我们好像"不太正常"时，我们则会认为这是一种理性的评判。我们都不可能完全客观地了解自我，很多人都惧怕自己内心的黑暗。勒索者们正是利用了我们这种恐惧。

就像二分法一样，病态化会让我们对自己的记忆、判断、智商和人格产生怀疑。这种手法的危害性更高，因为它让我们开始不信任自己的精神状态。

联合阵线

当单打独斗的方式无法奏效时，很多情感勒索者会叫外援。他们会找来其他人——家人、朋友甚至神职人员，来为自己提供支持，证明自己是正确的。因此，在人数上，情感勒索者就已经压过了被害者。勒索者知道我们关心和尊敬谁，会将他们全都笼络过去，让我们顿感孤独和挫败。

一天傍晚，在开始了解罗伯塔的情况时，我亲眼见识了上述手法。罗伯塔的父母、哥哥和两个姐妹前来参与家庭咨询，兄妹三人急切地表现出了和父母一致的立场。当我问他们，他们怎么看待罗伯塔公开讨论童年经历的要求时，我注意到了他们是如何抱团的。几个人交换了眼神，然后由哥哥阿尔代表发言。

> 我妈打电话来，希望我们一起参与，好让你知道事情的来龙去脉。我们是个和睦的家庭，罗伯塔只是想毁了这个家。你都看到了，她有点不太正常，曾经因为忧郁症和自杀未遂进出医院好几次。如果说她会幻听或者怎样，我也不会太惊讶。

他微笑着环顾房间里的家人，他们点头表示赞同。

> 她一直有很大的问题。我们都想帮她恢复，但我们不能放纵她说那些可怕的谣言。什么她曾经被虐待，都是她捏造的，很多人竟然还会相信她！我们只是想澄清事实，也希望看到她得到应有的帮助。

在母亲一再的否认下，罗伯塔很难坚持相信儿时受虐的真正情况，现在她的情况变得更困难——她得面对一屋子的情感勒索者，每个人都希望她闭嘴。所有人联合向她这个"背叛者"施压，告诉她只有她沉默不语，让这个家庭继续以一种虽然危害性极大，却更熟悉和舒服的方式运作，他们才会重新接纳她。

新盟友

我的一位咨询者玛丽亚，就是前面我们提到的从事医院管理的那位，也提供了一个关于"联合阵线"的实际例子。她发现丈夫的婚外情后告诉他自己打算离开他时，他用尽一切方法要她回心转意，包括联合他的家人。

眼看着以前有效的威吓手法和柔情攻势都不能让我回心转意，他决定请出最后的法宝——他的父母。我特别爱他们。他父亲也是位医生，母亲则非常善良，从认识我的第一天开始就对我非常好。因此，当他的父亲打电话请我参加他们的家庭会议时，我其实是很犹豫的，但最后碍于面子，我决定还是要去听听他们的意见。

我一踏进屋里，就知道大事不妙了。杰已经先到一步，而且很显然，他也已经告诉每个人我有多不可理喻了。他们怎么可能不袒护自己的宝贝儿子，而公平地对待我呢？

玛丽亚的考虑很有道理，杰的父母在这种情况下是不可能保持客观立场的，以下的进展也就不会出乎我们意料了。

一个小时过去了，我的公婆还在不停地唠叨着，说婚姻生活中总会有磕磕碰碰，绝不能一发生问题就一走了之。他们说，杰已经承诺会多花点时间陪家人，不在医院加那么久的班，我们夫妻之间的小争执应该可以烟消云散了，只要我从此不再提离婚，就没有人会知道我们起了争执。他们问我，杰这样爱我，我仍然执意要分手吗？看到杰伤心欲绝的模样，他们也很难过。而且小孩怎么办？杰努力要给我一个美好的未来，而我却狠心让周围的人都不快乐？

我问他们，杰说过他有外遇的事吗？从他们的反应看，他没有。他们看来很不舒服。我以为，或许这样他们就能了解为什么我跟他们的儿子在一起会痛苦了，但是杰父亲的话让我匪夷所思。他说："外遇也不是毁掉一个家庭的理由。家庭是最重要的，你不能一遇到问题就想着抛弃它。想想孩子们，想想我们的孙子。"我真不敢相信自己的耳朵。

现在，玛丽亚遭到的阻挠不是来自一个人，而是来自三个人，这让她更加努力地坚定了自己原来的决心。他们表达的意思都是同一个，就好像都在按杰写的剧本走一样，但从她尊敬与信任的长辈口中听到杰的说辞，给了她更大的压力。

更权威的救兵

当搬出朋友和家人也无法逼你屈服的时候，勒索者就可能会请出一些至高无上的权威，比如《圣经》，或是其他知识或技能领域的代表，他们可以很简单地向你施压，比如："我的治疗师说，你不怀好意……""我修过的一门课就说……"或者"报纸上说……"

每个人所认可的价值观各有不同，不能要求所有人都秉持相同的看法。但情感勒索者会从各处引用各种论据、评论、经验和文章，只是为了说明真理只有一个，那就是他们的观点。

消极比较

"你看看人家"这种句式带有很大的情绪张力，深深地联结着我们的自我怀疑与恐惧之心。情感勒索者通常会拿另一个人做完美的标准，与他们相比，我们浑身缺点。为什么这些人总是能满足情感勒索者的需求，而我们却不行呢？

"看看你姐姐，她就愿意帮家里做事。"

"弗兰克就能按时交，你该跟他学学。"

"情况再怎么糟，梦娜都不会弃丈夫而去。"

这种消极比较会让我们忽然产生自己不够好、不够忠实、能力有待加强等想法，让我们充满焦虑和罪恶感。因为感到焦虑，我们可能会让情感勒索者如愿，以证明我们没他们说得那么坏。

我的一位咨询者蕾是一位股票经纪人，她的母亲埃伦做消极比较的功力可以说是一等一的，让蕾这几年来无时无刻都感受到一股巨大的压力。

> 爸爸去世后，妈妈完全陷入了孤苦伶仃的境地。她被男人照顾了一辈子，于是转而来依靠我。
>
> 不久我就发现，我必须花大量时间陪她，还要帮她找律师、会计师，做一堆杂事，她原本可以自己做的。我妈妈实在很会装可怜，让我马上掉进她的圈套里。虽然做这些事对我来说并不困难，做事本身也不是问题，关键是在我为她做了这些以后，她总得有点感激和认可吧——但实际状况却是，你根本无法取悦一个像她这样的女人。不是会计师收费太高，就是律师太差，她总有办法找到埋怨的点。我连没有跟她一起吃晚餐都会被批评成罪大恶极，但我答应了我儿子，要帮他排练演出。
>
> 只要我有任何事做得不够好，她一定会让我知道。例如，我一想给自己一点空间，我妈妈就会提起我表妹卡洛琳："卡洛琳总是时时刻刻陪在我身边，对我比我自己的女儿做的还要好。"我怀疑她知不知道这些话对我伤害有多大，让我充满罪恶感。最后，我得

花上更多不想花的时间与她相处、替她解决问题，以免她拿我和卡洛琳相比。

被拿来跟我们相比的那一方，似乎赢得了我们渴求的爱和赞许，所以很自然，我们会想要与他们竞争，获得同样的地位。对蕾来说，这样比来比去是永无止境的，她永远无法达到母亲的标准。

危险的压力

和不健康的家庭类似，职场上的消极比较也会造成充满嫉妒和竞争压力的氛围。我们可能会努力想要完成大家长般的老板设定的"不可能的任务"，而老板则鼓励大家与彼此竞争，创造出一种兄弟姐妹般的压力氛围。

当金第一次来找我的时候，她的上司正在用一种消极比较的方式"激励"她，反而让她陷入极大的压力之中。她三十五六岁，不幸的是，她成了一位准备退休的传奇编辑米兰达的继任者。

> 我完全胜任这份工作，有很多不错的点子，跟作者相处得很好，我也喜欢我的工作。但是，我的老板对我的要求却比对谁都严格，而且总拿我和米兰达相比，好像我怎么做都不够好。如果我一星期完成了四件工作，我的老板肯就会说："不错，但这只是米兰达的一般水平，她的最高纪录是一星期完成八九件工作。"如果有一天我得准时下班，而不能像平常那样工作10到11个小时，他就会说："米兰达离开以后，没人好好干活了。"米兰达就像一位永远存在于我们办公室内的传说。
>
> 我绝对相信米兰达是很棒的人，但是她也会酗酒，没有家庭需要照顾，可以全心投入工作。问题就在于肯希望我像她一样能干，但我还有自己的生活要过，还得花时间和孩子、丈夫相处，我做的

工作已经很多了，这点很重要。肯总是要求我多做点儿，他说，只要我能再接一个项目，我就能成为米兰达第二，于是我照做了。他总是支使我忙得团团转。如果我不照他的要求做，他就会说我比不上米兰达，接着还会补充说我的天分不比她差，只要多做点他吩咐的工作就行了。他让我别把这些当作额外工作，而要当成一项职业保障。

我经常不在家，我精疲力竭，我因为在电脑前工作太久，手臂和脖子开始疼，这些都让我的家人十分担心。最惨的是，我开始质疑自己的能力。我似乎得以米兰达为标准来衡量自己的工作，否则我永远都不够好。

当我们谈到工作场合中的压力时，最明显的是具体可见的压力了，比如被解雇。但是，工作场合中也可能出现经常在家中出现的感受与关系，其背后的驱动力也是一致的。互相竞争、嫉妒、兄弟姐妹间的压力及取悦家长式人物等情况，驱使我们达到甚至超越自己的极限。但是，如果我们试图超越在不同需求、才能、环境下设定的高难度标准，我们就可能会为工作牺牲家庭、兴趣甚至是最珍贵的健康。

刚开始，我们会十分坚持自己的需求，明白我们为什么会拒绝情感勒索者。但渐渐地，情感勒索者会模糊我们的视线，还会让我们相信，其实我们不知道自己到底需要什么。运用了这些行为策略后，情感勒索者总能让我们任其宰割。这没什么奇怪的，想想受害者在拒绝了勒索者之后会遭到什么样的对待：被诬为坏人，被批判，被一群人联手对付，被指责性格存在缺陷。也许你会觉得下面这个论点奇怪：这些行为其实都是勒索者从我们身上学到的，是我们教会了他们如何对付我们。可见，我们既然可以允许这些手法发挥功用，当然也可以把它们抛到一边，或是削弱它们的威力。

第五章 ▶ 情感勒索者的内心世界

　　情感勒索者讨厌输。他们习惯把"结果无所谓，重要的是过程"这句老话改成"过程不重要，能赢就行"。对他们来说，获得信任、尊重他人感受、公平待人都不重要，他们把保证给予和接受关系健康的基本原则抛诸脑后。我们自以为与情感勒索者的亲密关系牢不可破，但只要哪里有人大喊一声"都各顾各的，别管别人了"，勒索者就会趁着我们毫无防备之际夺走属于我们的东西。

　　我们会问自己，为什么对情感勒索者来说获得胜利这么重要？为什么他们会对我们这么做？为什么他们这么急着实现目标，一旦事与愿违，便会惩罚我们？

挫折的联想

　　当我们试着了解到底是什么因素让我们的亲友与家人变成情感上的恶霸时，要先追溯到情感勒索刚开始的时候——当情感勒索者向我们索取某些东西，却被我们拒绝了的时候。

　　想要什么并没有错，无论是需要本身、提出要求还是努力搞清楚如何获取，这一系列过程都无可厚非，请求、讲道理甚至轻微的乞求或哀求都没关系——但前提是，"不"就是"不"。虽然要接受别人的拒绝并不容易，被拒绝的一方在一段时间内会沮丧或生气，但只要彼此的亲密关系禁得起考验，在情绪的暴风雨过后，双方能协调出折中的解决方案。

但是本书通篇都在表达的一点是，情感勒索者完全不是这样的。对他们来说，挫折无助于达成妥协，反而成了压力与威胁的导火索。也就是说，情感勒索者根本无法容忍挫折的出现。

他们为何会有这样的反应模式，我们无从得知。毕竟，很多人也曾遭遇过挫折，却不会因为想排解这种感觉而欺压他人；相反，我们会把失望当作暂时的障碍，而继续努力向前迈进。但是，在情感勒索者的心中，遭遇挫折远不只意味着受到阻碍或暂时性的失望，他们也不能靠调节自己来应对挫折。对他们来说，挫折会与他们心底更深的、徘徊不去的对失落的恐惧联系起来，而他们也会把这种过程当成一种警告：如果不赶紧采取行动，他们就会面对无法忍受的后果。

从挫折到一无所有

从表面上看，情感勒索者似乎与普通人无异，他们通常在生活中很多领域内都非常能干。但是，他们的内心世界却与美国"大萧条时代"十分相似。你如果认识经历过那个时代的人，会发现他们仍然会攒下每一分小钱，以应付不知何时会到来的下一次动荡或贫困，同时，他们又会安慰自己说，这种令人恐惧的绝境不会再来第二次了。

一般来说，不论行事方式、惯用手法如何，情感勒索者都有这种恐惧心理。在生活的稳定性受到动摇，失落感被引发之际，我们就会看到他们的这种特质。就像有人会把头痛当成脑瘤的表现一样，情感勒索者会将他人的拒绝小题大做。即使是一点轻微的挫败，他们也会当成潜在的灾难，相信只有以更激烈的手段反击，才能从世界或受害者手中得到自己生命的必需品。他们脑中响起了下面这些声音。

- 现在这么做肯定不行。

- 我永远得不到我想要的。

- 我觉得没有人会关心我的需求。

- 我没有能争取到我想要的东西的本领。

- 如果得不到想要的，我不知道自己是否受得了这个打击。

- 没有人像我关心他们一样关心我。

- 我关心的人总会离我而去。

这些念头不断萦绕在心头，情感勒索者最后便会深信，唯有使出强硬手段，才会有人重视他们的需求。这种认知是所有情感勒索者的共同特征。

失落感与依赖性

对某些情感勒索者来说，这些观念是在忧虑和缺乏安全感的长期状态中养成的。我们如果回顾他们以前的生活，可以发现情感勒索者在幼年遭遇的一些事件，和成年后的这份对失落的恐惧之间，是有着重大关联的。

我在前面提过，商人艾伦的妻子朱总是用些情感勒索的手段黏着他。最近，朱的父亲的忌日快到了，她特别郁郁寡欢，艾伦终于发现她情感勒索行为的根源了。

我问朱我能不能做些什么，好让她高兴点儿，她却拿出了一些初中毕业时的照片。那些照片我从来没看过。在拍摄这些照片的前两天，朱的父亲过世，照片中的她看起来像个受到惊吓却努力地装出笑脸的小女孩。在父亲过世后，她得独自处理好多事，包括打电话通知亲戚、安排丧葬事宜，还要为毕业典礼做准备——她得上台演讲，而讲稿内容还是父亲帮她拟好的。那个时候，其他家人都崩溃了，朱必须变得坚强起来。我最近问过朱的母亲这件事，她说那个时候朱都没怎么哭，只是喜欢躲在自己的房间里。

朱曾经告诉过我，父亲是她最敬爱的人，但他却突然离她而去。我想，她可能害怕我也突然离开，所以她才紧紧黏着我。

对朱来说，面对这个她无法信任，而且坚信会夺她所爱的世界，情感勒索是唯一的应对之道。因此，我们可以想象，很多在童年时期失去过重要事物的人，成年后会变得过度依赖和黏人，他们再也不想尝到被拒绝、被遗弃或是被忽略的苦涩滋味了。

朱以前在学校表现得十分优秀，父亲生前也非常宠她，但这些都无法让她觉得安全。童年时期的无助感一直挥之不去，所以成年后的她便会想尽办法避免让那种痛苦经验再度重演。也因此，她学会了依附朋友和恋人，却始终没找到可以表达内心深处"唯恐被剥夺一切"的恐惧的合适方法。

朱在和艾伦结婚以后，恐惧感更是与日俱增。她根本无法享受这段关系，每次艾伦想单独行动时，她都会感到恐惧。她让自己相信，只要能每天把艾伦绑在身边，就不用害怕失去他，甚至还能弥补父亲离世后失去的安全感。和许多情感勒索者一样，朱深信自己很难获得自己想要的东西，所以她必须利用一切让自己立于不败之地——这就是情感勒索者会对受害者步步紧逼的原因。

错综复杂的原因

要追溯朱的行为根源其实不难，但你也要了解，人类行为是由许多复杂的生理和心理因素构成的，一般情况下，是无法用单一解释来分析人类行为的。每个人都具有不同的个性与遗传特性，这些要素和我们受到的对待、自我认知以及我们与他人关系交互作用后，会塑造出我们的内在和外在人格。

伊芙的艺术家男友艾略特对遭遇挫败高度敏感，只要有危机，他就会威胁做出一些伤害自己的举动。伊芙曾经告诉我，她和艾略特的姐姐讨论过这点。

> 当我问艾略特的姐姐，为什么艾略特时常没来由地勃然大怒时，她大笑着说，他从一出生就是这样。只要嘴里奶瓶的角度不对或是尿布湿了几秒钟，他就会哭得震天价响。再长大一点后，他更是出了名的脾气暴躁。他姐姐说，他本性就是如此——他是她见过的要求最多的孩子。

这个孩子长大后，自然养成了有一点不满足就会大发雷霆的习惯。我们可以说艾略特大部分的人格特质，包括对挫折的低忍受度，在婴儿时期便已经表露无遗。

我们的监护人或社会对这些人格特质进行的补充或强化，明确体现了这些外部因素对我们的身份和行为准则的期望。但事实上，一些在幼儿期、青少年时期甚至成人期发生的影响深远的体验，通常会为我们塑造强有力的信念和感觉，尤其会在面对冲突或是压力时爆发。我们熟悉这些套路，很容易回到这些旧有行为模式上，这些行为虽然让人痛苦，却有着易于掌握的结构和可预测性。我们甚至相信，即使这招以前没奏效，下一次说不定会成功。

就像朱一样，许多情感勒索者都幻想幼时体验过的无助和无能感会在成人后消失，相信现在的自己已经能神奇地解决危机、安抚不开心的父母，甚至找到渴望已久的安全感。他们认为可以靠改变现状来弥补昔日遭遇的挫折。

当危机成为催化剂

情感勒索者在面对近期出现的不确定性和压力时，也会表现出对挫折的低忍受度，尤其是在分居或离婚、失业、生病或退休等会对其个人价值产生冲击的情况下，情感勒索行为的发生率会暴增。大部分时候，勒索者甚至不会察觉内心这股被激发出的恐惧感，他们的注意力集中在自己想得到的东西和可以采取的手段上。

以史蒂芬妮为例，危机的发生始于她丈夫承认自己曾经短暂地出轨。即使鲍勃努力试图挽救婚姻，并且定期接受心理治疗，史蒂芬妮依然认为自己有权利借助一些适当的情感勒索手段来规范鲍勃的行为。这几年来，她的愤怒和报复换来的是鲍勃的心灰意冷，他准备放弃这段婚姻。我告诉鲍勃，他们应该一起来接受咨询，史蒂芬妮同意了。

> 不管别人怎么想，你应该能理解我才对。我读过你的所有著作，而且你也强调不要让别人控制自己，要正视并讨论问题，说明底线在哪里。我有权利生气，而鲍勃也应该为所做的一切付出代价。

我告诉史蒂芬妮，她的确有权感到生气、被伤害、被出卖和震惊，这些感受都是正常的，我并不想低估她感受到的痛苦。但是，正视并讨论问题和情感勒索之间还是有很大的差异。她也许能从扮演一个被辜负、决心复仇的妻子的角色之中得到些许满足感，但她的婚姻正在渐渐陷入万劫不复之地。

随着谈话进行，史蒂芬妮渐渐卸下防备，转而声泪俱下描述她发现鲍勃有外遇时的心情。她情感勒索行为的另一个层面跃入我的视线，也告诉了我为什么想让她放弃复仇心态有这么难。

> 我之前就体会过这种被全心去爱的男人背叛的感觉，鲍勃知道

这点。他明明知道我前夫的外遇让我遍体鳞伤，怎么能用同样的方法对待我？这件事让我生不如死。现在我应该怎么做？我怎么做才能再次信任他？我一生中从来没有像现在这样觉得自己如此缺乏吸引力、如此丢脸、如此……如此没用。

史蒂芬妮不仅要面对鲍勃对她的伤害，还得再次经历前夫曾经带来的痛苦。对鲍勃的不信任和对自我的怀疑，让她只能使出情感勒索的手段，因为这是唯一使她能在内心情绪一片混乱之际重新获得控制感的方式。

史蒂芬妮幼时的生活经验固然会影响她现在的应对方式，我们也应该审视一下她的成年生活。在了解之前那段不愉快婚姻的遗留物可能会危害到她与鲍勃本有机会良好发展的关系之后，她同意跟我的一位同事谈谈。史蒂芬妮和鲍勃都很努力，他们都把这次的危机当作对二人的关系进行全新沟通和探索的转机。我相信他们会成功的。

完美生活的缺陷

令人深感困惑的是，有些情感勒索者可以说是拥有一切的天之骄子，但他们却总是想要更多。说这种人的行为动机也是失落感可能看起来很奇怪，因为他们什么都不缺。但我们经常遇到的一种情况是，那些受到细心呵护和过度保护的天之骄子往往没有机会建立对自己有能力应对失落感的信心。因此，一旦感到一丝失去的前兆，他们就只会惊惶失措，自动拿起情感勒索的武器。

玛丽亚与丈夫杰就是这种情况。我从与玛丽亚的接触中得知，杰从小就是一帆风顺——顺利地从医学院毕业后，开发了一些手术操作技术，进而青年得志，轻轻松松地进入了顶级社交圈。这种经历让杰对生活中的一切好事习以为常。

　　杰的童年是完美的。他从未遭受虐待，没有过心灵创伤，只有周围人的关爱。他父亲的家境并不好，是家族里第一个上大学的，但他非常有毅力，凭借努力、不屈不挠和每天只睡两小时的勤奋读完了医学院。他还有一份兼职作家的工作，赚到的钱能让他带杰的母亲出去玩。杰的父亲告诉我，他发誓绝不会让杰吃他吃过的苦。毫无疑问，杰是在万千宠爱中长大的。因此，当杰立志要成为一位医生后，父母就全心全意地支持他，给他买化学实验用具，送他去参加理科夏令营。他上网球课，穿羊绒西装夹克，等着女孩对他投怀送抱，不用努力就能享受最好的生活。

杰的生活不仅过于优渥，而且很不真实。他父亲的做法的确让他能得到自己想要的一切，却也因此丧失了帮助他培养应对失望和挫折的能力的机会。

　　但这样的完美生活，有着两种负面影响。第一种是生长在这类环境中的孩子会认为，自己想要什么都能轻松得到。而另一种更糟糕的影响是，他们会丧失学习面对挫折时所需基本能力的机会。于是，杰的父亲也许是从最好的动机和意愿出发，却创造出了一个情感上的低能儿。

　　因此，当玛丽亚要打破他这种认为自己理所应当拥有包括事业、家庭、妻子甚至情妇在内的一切的观念时，她是对他而言重要的人中第一个威胁要夺走他宝贵事物的。杰陷入了恐慌。竟然有人要改变这个运行了多年的规则，也难怪杰只会使出情感勒索的手段来巩固他的地位了。

亲密的陌生人

当杰把父母找来对玛丽亚使出怀柔政策，要她留下时，她实在不敢相信当时他们对她说的话。

> 我心想，天啊！我面对的都是什么人啊？我感到敬爱和尊重的人竟然表现得如此毫无道德和伦理观，难道自己的面子会比别人的感受和作为人的尊严更重要吗？

玛丽亚看着杰从以前令她神魂颠倒、风度翩翩的绅士，变成面目狰狞、试图操控她的陌生人。当身边亲密的人开始采用情感勒索的手段对待我们，这种人格转变的过程不论快还是慢，都会让我们十分震惊。事实上，大部分情感勒索造成的痛苦与困惑，多半是因为我们关心对方并认为对方也关心我们，却突然发现有对方为了自身利益，竟然罔顾我们的感受。

迈克尔告诉丽兹，如果她再说要离他而去的话，他就会展开残酷的报复。丽兹非常震惊。

> 他竟然这样说："离开我，你手上剩的钱连买狗粮都不够。跟孩子说再见吧，我打算把他们带去加拿大，这样他们就不会再听到你骂我的那些谎话了。"这是那个我爱的、曾经全心全意对待的男人吗？他到底是谁？

指责、威胁和消极比较等手段，显然不是最初让我们进入这段亲密关系的原因，我们现在更不会因为这些手段而维持这段关系。我们跟这些人分享自己的生活、工作、感受和秘密，而情感勒索一旦出现，我们却得面对他们人格中一些比较不堪的部分：自我中心、小题大做、对会导致长期不良后果的眼前利益的追逐和不顾一切赢得优势的决心。

自我中心

我们前面看到的情感勒索者几乎只会想到自己的需求和欲望，至于我们的需要以及他们这样做的后果，他们根本不考虑。

只要我们没办法满足情感勒索者的需求，他们就会像一部压路机一样，目不斜视、毫不留情地追求自己的目标。他们如此罔顾我们的感受，让人很难把这样的关系称作"爱"。

"自恋名人堂"的首位候选人，非帕蒂的老公乔莫属。当帕蒂表示目前家里的状况根本负担不起一台电脑时，乔便完全表现出情感勒索者的态度。在下面的状况中，他显示出了空前绝后的自我中心。

> 乔赚了不少钱，但是他花钱的速度比我们俩赚钱的速度都快，所以我们家经常缺这缺那的。上个星期，因为要付的账单实在太多过，所以他叫我跟姑妈借点钱周转。我姑妈是很有钱，但她刚动过乳腺癌手术，我不想现在去打扰她。令人无法置信的是，乔竟然开始对我施加压力："不用找了，这是她病房的分机号，赶快打电话给她吧，没什么大不了的！她现在已经不痛了，而且她又这么宠你。你怎么连帮我做这点小事都不愿意？"

乳腺癌？医院？手术？这些对他来说似乎都不是问题。他想要某些东西，而且现在就要。这件事对他来说非常紧急，他完全不在乎任何人的感受。

情感勒索者之所以会产生这种自我中心的感觉，通常是因为他们认为别人投放在他们身上的所有注意力和感情都不会持久，而且转眼间就会消失无踪。艾略特就是位十分自我中心的人，他的女友伊芙想多一条职业备选道路而打算去上些课，他都认为会影响自己。在他心里，如果他给伊芙什么东西，自己就会失去安全感。如果他需要什么东西，或者觉得无聊或寂寞，而伊芙却不在身边时，要怎么办？谁来照顾他？对他来说，整个宇宙一直围着他转，从小到大都是。而现在历史再度重演，他就像一个蛮横的五岁小孩，要身旁的人把注意力全放在他身上，而且他的要求是没有止境的。

小题大做

对情感勒索者来说，每一次意见不合都好像会毁灭一段亲密关系。当他们发现另一半不愿妥协，强烈的失望与挫折感就会涌上来，一个小冲突便足以让两人的关系蒙上阴影。不跟他们的父母吃饭有什么大不了的？想要上堂课或去钓个鱼，他们为什么要反对？对他们提出的计划不感兴趣又何罪之有？但事实上，我们必须试着了解，他们的激烈反应并非针对眼前的情势，而是因为联想到了以往类似的经历，这样才能理解他们的行为。

在听伊芙谈论过艾略特的成长背景后，我才明白，艾略特相信，在一位独立自主的女性身上，他什么也得不到。

我记得艾略特曾经讲过他父亲常抱怨自己被忽略的事。艾略特的母亲是位成功的生意人，经营一家专卖儿童服饰的小公司。这家公司运作得十分顺利，但她丈夫却厌恶它。艾略特印象最深刻的事就是，他的母亲经常不在。虽然当母亲在家的时候，她会把艾略特照顾得好好的，但一转眼，她就可能出差了，让他特别想念她。大部分时候，艾略特的父亲都对这种情况感到愤怒，而且会不断地对他诉苦，比如："女人这种该死的生物，她需要你的时候，什么都能为你做，但是她一旦开始自己讨生活，就会忘了你的存在。"我想，他从小就听这些话，也难怪会有这种心态。

艾略特接收到的信息十分清楚：只有把女人牢牢拴在身边，她们才会成为可爱的伴侣。虽然他也许会否认自己有这样的想法，但他对伊芙的行为证明，他父亲曾经的恐惧在他身上重现了。对艾略特来说，女人一有任何独立自主的征兆，就会对他构成威胁。伊芙现在代替了艾略特母亲的角色，成为他情感依赖的对象，而以前母亲常因公出差丢下他和父亲的记忆，就让艾略特产生了同样会被伊芙遗弃的感觉。每次伊芙一想出大门，就会唤起艾略特那种被遗弃的感觉。

在这种过度的情绪反应下，虽然很多声音和情感都能得到宣泄，但艾略特内心的感受却没有被真正表达出来。事实上，艾略特非常想获得亲密感，但他对伊芙的攻击却断绝了他得到它的可能性。让我们来看看，当伊芙建议艾略特去寻求心理帮助来减轻焦虑时，艾略特表达了哪些感受，又隐藏了什么情绪没说出口。

艾略特嘴上说："你又要出去做你想做的事，而我又得一个人在家——我活着有什么用？你一点都不关心我。"

但其实艾略特心里想的是："因为你一直在改变，所以我很害怕。刚开始，我是可以满足你的，但现在不行了。你如果去上课，就可能会找到一份工作，我怕你就再也没有时间陪我了。我怕你会遇到另一个更适合你的人，我怕你会变得独立自主。你会不再需要我，而且会离我而去。"

但是，艾略特并没有能力使用以上的沟通方式，因为如果他能说出真实的感受，就不会诉诸情感勒索的手段了。或许就像许多男人一样，他羞于承认自己的需求与恐惧，认为唯一可让自己如愿的方法就是大吼大叫，对伊芙想去进修的小愿望过度反应。

追本溯源

前面提过的那位编剧罗杰，现在就有点困惑，不明白为什么自己拒绝女友爱丽丝生个孩子的提议，竟会导致她疯狂攻击自己。每当他表现出不太确定自己目前想要什么时，爱丽丝的过度反应模式就会开始运作。

> 你根本不是真的关心我，你根本不愿意让我们俩的关系更进一步，我们的关系怎么能叫"爱"呢？我不相信你了，我甚至不确定自己还爱不爱你！你的问题大了，你需要看看心理医生！

有一晚在戒酒者互助讨论会上，罗杰终于了解爱丽丝急于跟自己发展一段长期稳定关系的原因了，她在会上是这么讲的：

> 我只相信眼前，努力把握当下。我深深植根于现在，抓住现在的每一个机会。虽然我爸爸嗜赌成性，但在我看来，他的确风度翩翩。不过他也让我知道，今天的意气风发不代表永远，现在的你或许穿金戴银，但可能过一阵子就得到处躲债主的电话、去二手店买东西了。我小时候拥有的一切就随时可能被抢走，包括当保姆赚的钱和别人送的礼物，任何可以典当的东西都有可能消失。甚至连我爸爸都来去无踪，一出门就是好几个礼拜。渴求安全感或是承诺有什么错？对我来说，这些才有价值。难道想多要一点爱也不行吗？

爱丽丝一直很怕自己拥有的东西会突然消失，也难怪她会这么渴求对未来的承诺。就像许多情感勒索者一样，她用了过激的手段，试图化解目标的抵抗。

爱丽丝的过度反应——对罗杰使用言语攻击——来自于堆积在她内

心深处的恐惧与渴望。不管她把罗杰绑得多紧，也不管罗杰多么想帮助她，都无法填补爱丽丝内心的空虚。

经过互助讨论会上的一番恳谈后，爱丽丝终于了解自己对罗杰的束缚多么过分，她也意识到她只能改变自己，不然无论跟谁在一起，他们都不会好过。所以她不再对罗杰施压，让彼此的关系顺其自然。

丢了西瓜捡芝麻

情感勒索者经常通过一些小技巧取得优势，却对双方关系造成了不可弥补的裂痕。短暂占上风似乎会让情感勒索者觉得自己离胜利不远——他们看不到长远后果。

大部分情感勒索者的行为都建立在一种"我想要什么就得获得什么，什么时候要你都得给我"的心态上，他们就像小孩一样，无法预料自己行为的后果，也压根不会考虑目标的妥协对他们本身又有什么影响。

我们很难认为，之前讲过的迈克尔、艾略特、爱丽丝、杰或是史蒂芬妮这些情感勒索者会明白，在采用压力与威胁逼着家人或另一半做出妥协之后，他们的关系中还能剩下什么有价值的东西。如果乔什真的答应了父亲的要求而放弃了女友，他们的父子关系会变成什么样？玛格丽特屈服于丈夫卡尔的威胁，跟他一起去参加淫乱派对的行为，便已经为他们的婚姻敲下了丧钟。

丽兹假装屈服于迈克尔的威胁，为自己多争取了一些时间。她是这么说的。

> 我打电话给律师，请他把目前的工作搁置一下，因为我希望迈克尔能先冷静下来，跟我好好讨论。那时候的他看起来很和善，因

为他认为我已经向他投降了，最后我会跟他撒个娇，就像什么事都没发生过。但事实是，我只是在敷衍他。和我同居的这个人，我已经不喜欢了，更不用提爱了。

情感勒索者急于抓住自己的所有物，因此失去了看清自己行为后果的逻辑和洞察力。他们置身于自己设下的迷雾中，无法察觉他们对他人的虐待其实是在将对方推远。对他们来说，当务之急就是驱散害怕遭到遗弃的恐惧感，他们不管这种轻松会有什么代价。

惩罚的好处

看到情感勒索者有多么害怕遭到遗弃后，我们对他们便有了一个更清晰的认知，也更了解他们的动机了。但接着问题来了，很多咨询者都这么问过我："为什么他要这样惩罚我？""我可以理解他对我施压或是语带威胁的理由，但是为什么只要我稍一不顺从，他就要伤害我？"

很多时候，情感勒索者的目标看起来并不是让自己感觉更好，而是让受害者感觉很差。情感勒索者不但会向受害者提出要求，还会贬低受害者。而且为了强调他们所作所为的正当性，情感勒索者会批评我们的人格、质疑我们的动机，甚至当威胁手段比起针对我们更损害了他们自己的利益时，他们还会因此激发我们的罪恶感，让我们乖乖就范。

他们这样做的一个明显的原因在于，从上一章中介绍的"二分法"中可见，情感勒索者对自己的行为和动机的认知，和他们的行为对我们的实际影响之间存在极大的差距。施暴者不会认为自己在虐待他人，反而会把自己的举动解读为维持秩序、保护财产、做"该做的事"或是警告我们他们可不会被随便摆布。他们自认为能力强大，掌握了主动权，就算真做了什么伤害我们的事，也管不了那么多。反正结果对，过程就不重要了。

除此之外，施暴者还会把自己看成受害者——事实上，越极端的情感勒索者就越会歪曲事实。他们极端的敏感和自我中心会将主观感受到的"伤害"无限放大，帮助他们将我们视为刻意要打击他们的"施虐者"，从而让他们的反击合理化。

这些惩罚手段让情感勒索者能够采取一种主动、积极的态度，让他们感到自己的强大和无懈可击。这是一种极其有效的方式，能帮他们排除眼中的威胁，将其抛诸脑后。毕竟，如果有人对你大吼大叫，威胁你，摔门就走，或者对你不理不睬，你也就没什么空间去处理情绪了。

我们如果不把某件事说出来，可能就会将其付诸行动了，这是个真理。如果施暴者能够稍微花点时间自省，就可能会对在自己心底发现的恐惧和脆弱而感到震惊。那些爱发脾气、喜欢惩罚别人的人心中其实充满恐惧，但他们却鲜少面对问题或想办法消弭恐惧感，相反，他们感到挫败时，就会把气出在别人身上，这真是人类行为的一个有趣的悖论。他们这种行为自然会造成许多不快，让周围的人最后都选择离开，这会让他们原先最害怕的事真的发生。

降低损失

最严重的情感勒索者通常是那些已经失去所爱，或是唯恐这些重要的人离开他们的类型。他们的目标可能已经不爱他们了，或是已经和他们分居、离婚或正在经历严重分歧。

还记得雪莉和她的上司查尔斯吗？雪莉和有家室的查尔斯发生了婚外情，查尔斯威胁她，如果她敢离开他，她的工作就不保了。

前一分钟我还是全世界最美丽、最有趣、最令人兴奋的女人，后一分钟我就成了一个冷血巫婆，丝毫不关心他承受的压力以及他为解决问题付出的所有努力。这一切只是因为我告诉他，我觉得我们的关系已经走进了死胡同，只有结束这段关系，我的生活才能继续。现在他却告诉我，这段时间都是他在扮演付出的角色，而我贪得无厌地向他索取——这完全是颠倒黑白。天啊，突然间，我现在做的每一件工作他都觉得不对了，如果他报复我，想把我弄得很惨，那他的确是成功了。他怎么能这样摧毁我的生活呢？

面对失去年轻爱人的危机，眼见威胁手法无法奏效之时，查尔斯做出了能让他减轻痛苦的举动——贬低雪莉的个人价值。如果能让雪莉变得不具吸引力，对他不再那么珍贵的话，他失去的就不是多贵重的东西，失落感就可以大大减轻。不管怎么说，已经损坏的东西总是比较容易丢掉的。另外，他也可以通过对她的工作能力的质疑来合理化自己炒掉她的行为。这种双重的贬低手法，无疑也是双重的惩罚手段。

对气急败坏的情感勒索者来说，贬低对方是常用的招数之一，因为这不但可以减轻面对冲突时的痛楚，还能减轻失落感。但是情感勒索者一旦用上了这招，就等于传递了一个矛盾的信息："虽然你不够好，但我愿意用一切努力来留住你。"这再次突显了他们的绝望。

尽管断绝关系是他们最不愿意看到的结果，但是一旦感受到另一半认真考虑离开，他们反而会率先发难，用咄咄逼人的态度来维持自己的强势地位。这就像那个给自己找台阶下的策略："在被炒鱿鱼之前，我自己辞职算了！"

好为人师

就像父母总认为处罚有助于培养孩子的人格一样，情感勒索者也相信他们的处罚手段对我们是有帮助的。所以，即使伤害了最关心的人，他们也不会有罪恶感或后悔，相反还会颇为自豪。他们认为，他们正在帮我们改善自己。

第二章提到的那位引诱者亚历克斯，就认为他没有像说好的那样帮助女友朱莉，而是在等待朱莉先满足自己的要求，可是帮了她一个大忙。

> 他告诉我，把孩子送到前夫那里对我来说最好。每件事都被冠上"你这样做是拖累了自己"以及"我只是想看到你发挥潜能"的借口，但其实是，亚历克斯不希望看到我跟他在一起的时候还得分心去照顾孩子。是啊，他可真大方。

情感勒索者对他人的侮辱和幼稚的举动，都会被他们合理化成"这都是为了你好"。其实在这里，情感勒索者确实不像你想的那样充满恶意，他们中的大部分人自认为是为你上了宝贵的一课。当查尔斯告诫雪莉时，他可是很认真的："你得学学忠诚的意味，这在这一行中非常重要。"

用情感勒索折磨彼此的琳恩和杰夫，也都认为自己在替对方着想。"她必须明白，不能这样对待别人。"在一次争吵后，杰夫这样告诉我。他真的觉得自己在"教导"琳恩别做个"讨厌鬼"。但同时，琳恩也把自己的行为看成是对杰夫的一种训练。"也许我狠狠地骂他，他才会动动屁股，出门找个兼职干。""有时候就是需要骂一骂才有效果。"

很明显，这样的处罚手段并没有达成情感勒索者预想中的效果，尤其是对被勒索的那一方而言。但是，这过程中仍有一些可观的收获，让勒索者们坚持这种手段。只要能让对方看起来像个傻瓜，他们几乎什么都可以忍耐。正因如此，他们得以无视自己心底某些正在将他们渴望的爱或关系毁灭的东西。

旧冲突的新受害者

就像前面提到的，有时候当下的生活压力会使情感勒索者心中的旧伤复发，而这时受害者就成了过去某个人的代罪羔羊。当这样的情况发生时，情感勒索者的处罚手段便可能会反应过度，甚至完全多余。

迈克尔大概是我们看过的最气急败坏的情感勒索者之一。在丽兹面前，他甚至会像一头猛兽般地发怒，而丽兹在他怒气冲冲的指责下被吓得直打哆嗦。我问她，她觉得为什么迈克尔会对她这么粗暴，她沉默了一会儿才开口。

> 我发现迈克尔就像个随时可能爆炸的火药库。他从14岁就开始帮家里干活。他们家是卖办公室设备的，生意非常好，因此迈克尔根本没时间过普通孩子的生活。他很有运动细胞，到现在都很擅长运动，但他父母却从来不准他随便出去玩，因为他得忙着核对库存、打扫店面或是帮忙结账。
>
> 我还记得我们第一次约会时去了趟芝加哥，他竟然晓得每栋建筑物的来龙去脉。他告诉我，他最大的梦想就是学建筑，但父母不答应，他只好放弃。他是很负责任的人，我知道他很生父母的气，但他从来不讲，也不愿意讲，不过我并不认为他就可以把这股怨气出在我身上。

我告诉丽兹，她的想法没错，迈克尔的确没有理由对她骂骂咧咧或出言威胁，而且更重要的是，丽兹必须了解，尽管她很难对迈克尔的伤人之语一笑置之，但这些指控其实都与她无关。不过，当丽兹再也忍不下去，威胁要离开迈克尔时，这样的处罚手段将到达一个高潮：对失去丽兹的恐惧，将再度让迈克尔想起过去积下的全部挫败感。

如果迈克尔能表达出真正的感觉，或许他会这样说："请不要再夺走我的梦想了。我从还是孩子时开始，就经常感到失望、受伤害和失落——我从来没得到过想要的东西，也没有人关心过我的感受，这对我来说真的伤害很大。我爸妈总是毁掉我的梦想，强迫我去做讨厌的工作，我不想再让旧事重演了。你觉得我还能再承受多少失望？"

这一番充满感情的话实在应该说给迈克尔的父母，但他被他们的权威控制了一辈子，始终没有勇气踏出这一步。迈克尔承受的难过和愤怒从未消失，而是渗入他的生活中，让迈克尔将憎恨的对象与他爱的丽兹混为一谈。

维持亲密关系

惩罚手段反而让情感勒索者得以和受害者保持一种密切的情感关系，这话听起来可能有些奇怪。他们制造出了一种剑拔弩张的紧张气氛，知道自己激起了对方的感受，即使是负面的，也能创造出一种与对方"紧密联系的感觉"。也许你对情感勒索者深恶痛绝，但只要你给了他们关注，他们就没有被冷漠地弃之不理。惩罚手段能让已经破碎的亲密关系维持热情和热度。

艾伦的前妻贝弗莉，就不断用一种令他痛苦不堪的方法来惩罚他——她用他们的孩子当武器。他们的离婚经历一点也不和平，虽然这段婚姻让彼此都不快乐，但艾伦希望离婚，贝弗莉却不愿意。他们曾经试着和解，甚至去参加了婚姻咨询，但都毫无帮助。

她知道孩子们对我有多重要。其实没有几个人明白，作为一名父亲，却无法陪伴在孩子身旁，看着他们一天天长大，那种感觉很不好受。我想和贝弗莉离婚，但是我不想离开孩子。刚开始她威胁我说，如果离开她，就再也看不到孩子了；她会搬出这个州，甚至离开美国。我真的吓坏了，实在不敢再想下去。我知道有些女人会这样做，天啊，我确实认识这样对待前妻的男人。

最后，事情总算得到了解决——艾伦可以探视孩子，他们达成了妥协，贝弗莉也愿意尊重法庭的裁决。但是，艾伦再婚后，情况却又有了变化。

现在我找到了另一位令我倾心的女人，这让贝弗莉无法忍受。我猜她或许认为只要我还是单身，我们之间就还有可能。我知道她现在仍然心怀怨恨，甚至想通过孩子挽回我们的关系。如果我去接孩子时迟到10分钟，她就会把孩子带到别处去。我开车去贝弗莉的住处得花一小时，当然不可能每次都准时，所以上个礼拜我等了他们一个半小时。她把孩子带回来的时候还对我说："我又不可能一直在这里等你，而且我怎么知道你会不会不来了？"她要什么我都得听她的，而且不准抱怨。但如果我要改时间，她就会大发雷霆。要是我迟付了一天抚养费，她就会打电话来威胁我法庭见，还说要减少我探视孩子的次数。天啊，我们现在说的话比结婚的时候还多！

艾伦的前妻直到现在还不肯放手。其实不管是男人还是女人，许多离婚的情感勒索者都会拿孩子当武器，以和对方保持情感上的联系。从法律上看，艾伦和贝弗莉是离婚了，但要在心理上离婚，还有得等。

利用孩子做武器可以说是情感勒索中历史最悠久也最残酷的方法之一，要付出的代价也是最高的。这种手法的效果最好，是因为涉及的情感最强烈。它会把曾经最亲密的人禁锢在一场可怕的战争中，双方都是输家。

问题不在你

　　想逃离情感勒索者的心理攻势，最重要的是要认识到一个事实：虽然所有的情感勒索看来都由你而起，但绝大部分情况下却跟你一点儿关系都没有。相反，这些举动都来自情感勒索者不安定的内心，是情感勒索者为了寻求安全感而做出的。这些大部分让我们深感不快的责难、二分法和自以为是经常让我们不得不屈服于情感勒索者的压力下，但实际上，它们都是没有根据的，完全建立在恐惧、焦虑和不安感上。这些情绪就存在于勒索者心中。很多时候，他们的问题都来自于过去，而非现在。而且，这些行为与勒索者内心的需求，而不是他们给我们定下的罪名关系更大。

　　这当然不是说造成情感勒索的过程中，我们完全没有责任，毕竟一个巴掌是拍不响的。接下来，就让我们讨论一下我们自身的哪些因素让情感勒索得以发生。

第六章

受害者的特质

　　就像双人舞一样，情感勒索不是独角戏，如果没有另一方的主动参与，情感勒索是无法发挥作用的。

　　我知道，受害者的感觉不是这样的，我也知道人们都会为自己的行为辩解。因为关注别人做了什么，总比意识到自己做了什么容易。但是为了打破这种情感勒索的依存关系，我们必须把注意力集中在自己身上，找出那些不知不觉中引导我们置身于情感勒索情境中的要素。

　　请记住，当我谈到"主动参与"时，并不是在暗示是你诱发或造成了这样的事件，而是你允许这样的事发生了。或许你根本没意识到某人的要求是不合理的，你可能只是在尽一名好太太、好员工或是孝顺儿女应尽的职责，你不加质疑地对另一方的要求照单全收，只是因为这是社会为你制定的行为规范。

　　或者，你已经发现了情感勒索的存在，却无法进行反抗。因为情感勒索者向你施加的压力激发了你的固定反应，让你采取自动或本能的行为。但请记住，并非所有人都会屈服于情感勒索，如果你选择屈服，我会分析你这样反应的原因和理由。首先，请思考下列问题。

　　面对情感勒索者对你施加压力时，你是否：

- 对自己屈服于他们的要求而感到生气？

- 常常有挫败感，心怀怨恨？

- 如果不答应别人的要求就会有罪恶感，觉得自己是个坏人？

- 担心如果自己不让步，会损害与对方的关系？

- 即使有别人可以帮忙，但你总是大家唯一的求助对象？

• 相信自己对别人的责任，比对自己的责任更重要？

只要以上问题的答案有一个肯定的，你面对压力的方式就会为情感勒索塑造出一种完美的环境。

情绪键

为什么有些人无论有多聪明、多理智，就是无法抗拒他人的情感勒索，而其他人却能轻易地抗拒？答案就在于我们的"情绪键"，也就是人体内促使情绪形成的神经束。每一个情绪键都像电池一样，隐藏着丰富的情绪，例如愤恨、罪恶感、不安感和脆弱等。它们是我们的软肋，是由我们基本的性格气质和幼年时的经历共同形成的。如果仔细观察的话，每一个情绪键都能鲜明地体现我们人生中的层次，比如别人是如何对待我们的，我们内心深处如何看待自己，甚至过往经验如何对自我造成影响。

储存在情绪键里的情绪和记忆可能一直让我们隐隐作痛，当如今生活中的某些事件勾起某些被长期掩盖的记忆时，它们能激起足以凌驾于思考和逻辑之上的反应，抽取被长久储存的情绪，并久久不散。

人们或许无法回忆起到底是哪些记忆及经验形成了目前的情绪键，而且对我们做出某些行为的复杂动机而言，其原因和结果可能也并不清晰。但是，如果你对我们丰富的情感和经历的去向感兴趣，不妨探索一下自己的情绪键，也许会因此更了解自己。

为情感勒索者提供路径

长期以来，情绪键一直左右着我们的情绪，使许多人的生活都绕着它打转。不过事实上，人们在面对情绪键的话题时，最常采取的却是"不计一切代价敬而远之"的态度。我们可能意识不到自己在做什么，但这种回避的态度却在无形中揭露了我们隐藏的自我。因此，当我们小心翼翼地绕开情绪键时，我们也在将我们的这些弱点暴露无遗，那些熟悉我们的人会清楚地看到这一切。

我们都清楚我们周围的人对什么敏感，因为他们害怕、生气或忍气吞声的时候，我们都看在眼里。但通常，我们都对他们充满同情心，不会利用这些观察结果来操纵他们，以达到自己的目的。情感勒索者在感到安全时也不会这样做，但当他们遭到拒绝时，那种担心失去的恐惧感便会一下子涌上心头，让他们完全抛弃同情心，转而利用他们对我们的全部认知来保证他们的要求得到满足。

易受情感勒索控制的人

人们为了不使自己轻易地被情绪键操控，发展了一系列人格特质。但因为这些特质是我们性格的一部分，所以一开始，我们注意不到它们在抵抗我们恐惧的事物。但只要仔细观察，我们会发现这些特质和情绪键有着密切的联系。讽刺的是，正是这些为了保护我们而存在的特质，让我们更易受到情感勒索的控制。它们包括：

- 过度需要他人认可
- 过分害怕他人生气
- 不计代价维持和平
- 容易为他人负过多责任
- 频繁质疑自我

以上特质如果适度，基本上都没有坏处。事实上，如果这些特质没有走到极端的话，其中有些甚至是积极、受到推崇的。然而，一旦它们开始控制我们，和我们智慧、自信、坚定、思维缜密的部分冲突时，就会使我们变得易受他人控制。

我们审视这些特质及其引发的行为模式时，请留心观察，受害者的行为在多大程度上只是对过去经历的反应。也请注意一下，受害者深信能保护自己的行为模式，在多大程度上会对他们造成反效果。

追逐认可者

希望在意的人认可自己是一件很正常的事，因为我们都想得到积极的回应。然而，当我们像上瘾般渴望这种感觉时，就向情感勒索者提出了邀请，他们很容易乘虚而入。

还记得前面提到的咨询者莎拉吧？她总是必须不断地向男友弗兰克证明她的忠诚，每当她通过考验时，便会沐浴在男友的赞美中；但只要她稍有反抗，弗兰克就会收回赞美，让她痛苦难当。因此，她必须持续屈服于弗兰克的压力，以源源不断地得到赞美，即使他要求她做些违背原则的事。

> 我受不了弗兰克对我失望。如果我说周末不想给小屋刷漆，他就会摇摇头，走到门廊上。我追出去以后，他就会说不敢相信我这么幼稚，简直像被宠坏了一样。这让我害怕，让我根本无法坚持我的立场，我只好走进房里穿上旧衣服，拿起刷子，他才会对我微笑，再给我一个拥抱。这个时候，我才会如释重负。

莎拉"纠正"了自己的行为。渴望甚至要求认可是很正常的，但追逐认可者指的是需要源源不断认可的人。对他们来说，如果得不到认可，便意味着失败。如果别人不认可他们，他们就不会认可自己，他们的安全感几乎完全建立在外来的认可上。追逐认可者的格言是"如果我得不到赞同，那我一定做错了什么"。或是更糟的"一定是我哪里不好，别人才会不认可我"。

莎拉表示，当弗兰克生她的气时，她感到痛不欲生，这反映出了她对认可的需要以及得不到认可时的恐惧。这样的恐惧和儿童的恐惧异曲同工，对孩子来说，失去认可的结果是灾难性的。"如果我做了爸爸（或妈妈）不喜欢的事，爸爸就会对我生气，不再爱我，甚至离开我，那我就会孤零零的，会死。"

莎拉渐渐发现，她将别人的赞美视为生命动力来源的主因并不是父母的影响，反而大多是祖母的作用，她的祖母以前常常在父母忙于工作时照顾她。

> 天啊！她真是难缠。她就住在楼下我爸妈给她准备的公寓里，每天下课后我都会到她那儿去。她总是不断批评我，说我又吵又懒，又说上帝不喜欢懒惰的女孩，这种女孩会被送走。我相信她不是有心要说这些给我听的，但我也相信在她小时候一定也有人对她说过那些荒谬的话。那些话真把我吓得半死。她曾跟我说过一句话，我觉得我从来不曾忘记——"好，更好，最好，永远不要满足，直到好变成更好，更好变成最好"。

在人格形成期，莎拉从她尊敬的祖母那里学到了很多，有些对她的人生有帮助，但大部分却是没有意义的。她发现，只要她的表现能得到祖母的赞同，她就是好女孩，也就安全了；但她也知道，对拥有完美主义性格的祖母来说，她怎么做都不够好。因此，完美对她而言一直是遥不可及的。

莎拉和弗兰克在一起的感觉是，她会无法克制地取悦他，害怕他批评她。这就是典型的追逐认可者会有的恐惧，很明显，有人按下了她的情绪键。

我们还小时，常需要照顾我们的大人给予赞许，这种影响很可能一直持续到我们能照顾自己之后。然而在莎拉成长的家庭，她是会得到还是失去爱，全凭自己的表现，因此才造就了她贪婪渴求他人认可的个性。当弗兰克收回自己的赞同和爱意时，莎拉的这种个性便会被唤醒，尽管她也知道自己无法达到每个人要求的标准，但她觉得自己必须尽力尝试。

莎拉最大的问题是太在意弗兰克对她认可与否，而玛丽亚在发现丈夫外遇后面临着丈夫希望维持婚姻的压力，此时，她考虑的是外人会怎么想。

> 我的家人和亲近的好友中都没人离婚，这听来似乎有点老古板，但我就是一个古板的人，并以此为豪。我不能接受自己婚姻失败的想法，更不能想象如果离开杰的话会发生什么事。别人会怎么想？我的生活会因此破碎，他和我的父母、孩子，甚至牧师都会唾弃我，他们会认为我没有勇气坚持下去，捍卫这场婚姻。

在玛丽亚努力和杰相处的过程中，家庭传统、历史和社群的压力似乎一直在逼迫着她，让她感到自己别无选择。她相信离婚背离了她的原则。而当我和玛丽亚谈过后，她才了解，以往深信不疑的信念其实一直是外界强加给她的，她拼命捍卫的甚至不是她自己的想法，她对完美家庭的定义应该远比"无论发生什么都不要离婚"更广泛和深刻。

对玛丽亚而言，这样的发现让她如释重负，但她还是不愿意去深入了解并表达她在自己心底发现的真实信念，因为她必须维持亲戚、朋友和教会成员对她的认可。这位有不错的工作，把家庭打理得井井有条，养出了两个优秀的孩子，在教会和社交圈中也十分活跃的女性，只要一想到她在意的人们对她的指指点点，就像小孩一样无助。我们花了好几个星期去探究她如此渴望认可的原因，其间，玛丽亚突然想起高中一年级时发生的一件"小事"。

我一向都是公认的好学生，但在学期末的某天，我的男友丹尼提议逃掉最后一节课偷溜去海边玩，他说一定没有人会发现的。我们真的去了，之后我也没把这件事放在心上。几天后，我父亲突然问我有没有什么事忘了告诉他，我说没有，我父亲说他不敢相信自己的女儿会对他说谎，便又问了我一次。

我的心开始怦怦跳，但我不敢承认。在我沉默片刻之后，父亲便用非常低沉的声音对我说，学校已经通知他我做了什么好事。我让他和家人丢脸了，当天我不但要在晚餐时向大家道歉，还要为我父亲星期天的成人教育课程准备一篇名为"诚实的重要性"的讲稿。

我感到深深的耻辱。我按他的要求做了，但我永远也忘不了那种羞辱和孤立感，就像是在脸上烙下了"骗子"标记一样。我感觉一连好几个星期，别人看我的眼光都不对，那大概是我生平最后一次逾矩。

这种惩罚有意让玛丽亚了解逃学和违反学校、家庭规则的后果，它起到了很深的作用。

我发现我从家人和社群中获得的支持很脆弱，似乎只要我不取悦他们，这种支持就会被立刻撤回，而我必须努力得到他们的认可。

这并不是玛丽亚的父亲想向她传达的信息，也并不恰当，但玛丽亚却奉行终生，用他人的认可来衡量自己的成功。因此，在抗拒杰施加在她身上的压力之前，她必须先克服扎根于心中三十多年的这个想法，因为它对她没有帮助，也无法改变她对外人的消极评判做出的回应。

只要有可能引起任何人的轻蔑，追逐认可者中最敏感的那些人甚至不愿意做出对他们而言有利的举动。举例来说，伊芙甚至不能忍受柜员对她皱眉头，因此就像大多数人一样，只要售货员的表现引起了她的罪恶感，伊芙就会打消退货的念头，她甚至无法忍受陌生人的否定。

和平主义者

许多人似乎都在十诫外加上了"你不该生气"和"你不该惹人生气"，因此一发现别人有不赞同的苗头时，他们立刻表示妥协，生怕愤怒让彼此失去理智。

当这些和平主义者的观念僵化到认为什么事都没有吵架糟糕时，他们这种在剑拔弩张的情境下寻求冷静和理智的愿望可能会产生问题。因为这会使得他们害怕和别人发生争执，即使对象是朋友，他们也害怕会造成无可挽回的伤害。他们说服自己，退让只是暂时的委曲求全，结果好才是真的好。

理智的声音

丽兹正在和丈夫迈克尔纠缠，迈克尔是一名施暴型情感勒索者。丽兹有着午夜电台 DJ 般的嗓音和平和的性格，以至于不了解她的人很难看出她在生气。我提到这一点时，她大笑起来。

那只是我装出来的样子罢了，是小时候从哥哥姐姐身上学到的，那些因为在妈妈生气时冲她大喊大叫的人会被打或者被罚，而那些不顶嘴的则可以逃脱。我从中学到，安抚人们就像安抚动物一样，只要温柔地安慰和交谈，不要激起他们的怒气就可以了。也因此，在工作上，同事们对我的评语总是"不慌不忙"或"在压力下也能表现良好"，所以我也自认为我像拆弹专家一样，有纾解压力的天赋。我欣赏自己的个性，一个结果是，我不怕愤怒，我知道自己可以很好地处理愤怒，不会让情绪失去控制。

当丽兹在描述自己时，她的态度是充满说服力的，因为"冷静""温和""镇定""在压力下表现正常"等形容已经被她内化到性格中，所以表面上看，这些似乎是她自然散发出的特质，但很显然，她和迈克尔相处时远远不够冷静。

我之所以会爱上他，正是因为我们如此不同。他随时充满精力、个性外向直率，有着热情的一面；而我的个性则较为温和，不爱出风头。虽然我们相处的时间并不久，但我想我总能预料到他什么时候会生气，而且从不会让他气很久，就像我之前所说的，我懂如何应对愤怒。虽然这听来有点可笑——我嫁给了一个动不动就发狂的疯子，心里其实怕得要死，却又不断告诉自己我能控制对方的愤怒！我原以为我可以，但事情却完全失去控制，我自己也是。我所做的每件事，无论是抚慰、道歉还是温存，似乎都让他更生气，而我却完全不懂到底是哪里出了问题？

丽兹花了很多时间改进与他人相处的方式。这种方式似乎很适合她，也受到社会的高度尊崇——我们变化多端的社会喜欢那些能控制脾气的人。丽兹温柔的声音、态度和处事方法曾经成功地帮她远离愤怒，以至于她认为自己是不会恐惧愤怒的，因为她知道如何化解愤怒。曾经有很长的一段时间，她认为只要自己保持平静，迈克尔便会变好，变得通情达理。所以她告诉自己，生气没有意义，即使迈克尔的表现意味着他是个欺负人的恶霸，她也仍然会设法跟他讲道理。

然而，当丽兹发现她熟悉的技巧在迈克尔身上不管用的时候，她有种无计可施的挫折感。迈克尔不断对她施加的压力和威胁按下了一个她从未意识到的情绪键，引发了隐藏在心底的充满愤怒和冲突的童年体验。小时候，丽兹就下定决心："不要给别人的愤怒火上浇油，要让他们冷静下来，否则他们会伤害你，甚至会抛弃你。不要做激怒他们的人。"这种想法限制了丽兹的选择，让她从来没有掌握合理表达愤怒的方法。一旦她平复他人愤怒的策略失败，她自己的愤怒与挫败感便会跟着释放出来，危机迅速酝酿。

她需要重新审视自己对愤怒的恐惧，并找出其他应对愤怒的方法，不然，她永远都会受到迈克尔这种人的伤害，而她自己压抑的情绪也更容易爆发。

愤怒的另一面

还记得第一章中提到的文学教授海伦吗？她认为男友吉姆对她而言非常完美。因为海伦对愤怒很敏感，所以她有计划地挑选那些她想相处的对象，尤其是伴侣。

> 我绝不跟会对我大叫的人在一起，因为我父母在我小时候相处的情况已经给我做了充分的示范。我父亲是很叛逆的人，因此他并不适合军队的生活，无法升职，入伍二十多年都只是一名文件管理员。他又不能忍受愚蠢的同事仅仅因为善于溜须拍马而得到擢升。所以，他常充满挫败感地回家对妈妈乱吼乱叫，而我妈妈也会和他争吵，接着他们就会用力甩上厨房的门，在里面吵架、乱丢东西。这真的吓坏我们小孩子了，我不知道接下来会发生什么事，我哥哥会跑到他房间里大哭，我们会一起推他的床顶住门，这样那两个吵架的人就不会进来了。情况更糟时，父亲会离家几天再回来。这虽

然没对我造成什么实质性伤害，但我真的不希望这样的事情重演，我经历过这种事，已经受够了，早已精疲力竭。

因此，当海伦长大后，她避免愤怒的方法是尽量不和会生气的人相处，而这也反映了她小时候处理这类事件的方法：跑开，躲起来，直到事情过去。但她失算的是，愤怒是人的天性，无论她如何努力，还是没办法找到一个没有愤怒的地方和一个不会愤怒的人。

我遇到吉姆时，感觉像是在天堂里，他是那么安静、温柔，常常写些小纸条给我或为我写歌，一个不折不扣的浪漫主义者。从见到他的那一刻开始，我始终无法想象他大吼甚至摔东西的样子，于是我告诉自己就是他了。但事实上，你向往的东西未必真有你想象中好。唉，现在我总算了解这句话的意思了。

或许别人会认为我怕的就是有人冲我大吼，这确实没错。但吉姆的行为却正好相反，他越生气就越安静，他不会告诉我哪里不对——事实上，他一个字都不会说。我甚至希望他能对我大叫，这样我才能知道到底哪一点让他不满。这样反而是最糟的，他一不说话，我就心如死灰。就好像我完全被隔绝在外，就好像我是在北极上漂流的一块浮冰。我实在无法忍受他用那种方式表达愤怒，因此我无论如何都要把他从那个壳里拉出来。

她如果不能逃避，就不得不向情感勒索妥协，这成了更常见的情况。

我帮海伦重新分析了这些大部分从童年起养成的应对愤怒的方式，接着将重点放在如何从生活中找到宣泄情绪的时机上，这使海伦得以改善和吉姆的关系，我在下一章中会做进一步说明。

没有人喜欢愤怒，但如果我们认为自己总是得想尽办法来避免争端，或者不计代价压制愤怒，那么我们面对愤怒时所能采取的行动的范围，便如同一条绷紧的绳子般。我们会退让，放弃自己的立场，安抚愤怒者，而这些举动同时也告诉情感勒索者，他们将能对我们予取予求。

自责者

我鼓励人们为自己的所作所为负起责任，但很多人却认为自己必须为自己和他人生活中遇到的一切问题负责，即使他们和这些问题一点关系也没有。而情感勒索者需要人们的这种想法——事实上，他们还会要求我们同意接受以下观点：一旦他们不高兴，问题就在于我们，只有一切顺从他们，才能解决问题。

莫名的迁怒

伊芙的生活因为艾略特在争吵后过量服药而变得支离破碎。艾略特在医院观察了几星期后回到家，便开始责怪是伊芙带给他这些痛苦、问题和恐惧。

> 艾略特变得阴沉，一直责怪我，说一切都是我的错。他说："你看，现在他们要把我送到精神病院去了，接下来我会自杀，这下你可高兴了吧！现在我有这种记录，大家都会排斥我了，我也会因为这个死掉。"这一切真是太恐怖了，我不过在坚持自己的原则，却好像给他带去了痛苦，我不知道该怎么办了。

无论从哪种客观标准看，艾略特的行为都是十分荒唐滑稽的，而他的指控更是毫无道理。很难想象一个像伊芙这样聪明的年轻女子，竟会将把他的话当真。但事实是，她的确深信他说的事情都会发生，而所有的错都是她造成的。

当我问到为何她会相信这种指责时，她便立刻谈到了她与父亲的关系，我们开始有所发现。她说："我爸爸经常谈到死，我想他可能对死亡有什么执念。"接着，伊芙描述了一段在她8岁时发生的事。

> 我永远忘不了那天，它对我来说就像在昨天。爸爸开着家里那款巨大的旧庞蒂克汽车，我坐在前面。开着开着，我们停在一个十字路口前。我看着窗外其他小孩在自家院子里玩耍，父亲却突然转过头对我说："这个世界上有用的技能，你什么都不会吧？"
>
> 我疑惑地望着他，他又说："如果我现在突然心脏病发，你知道该做些什么吗？不知道吧？你不知道该怎么办，我就会死在你面前。"说完他继续开车，接下来我们俩都没再开口说话，我低着头数着裙子上的点，并尽量不让自己去想任何事。

当然，那时的伊芙其实在思考，她从父亲的话里听到了指责：你已经8岁了，你本应该有能力救我的，可你没有。伊芙相信，救父亲是自己的责任，她应该有这个能力，万一父亲死了，都是她的错。对一个孩子而言，家庭是生命的全部，家庭破裂就是让孩子的世界毁灭的方式。

她说："在我家里，所有人都相信一点：如果对爸爸不好，他就会死。而我也对此深信不疑。"伊芙父亲的行为十分怪异，对孩子而言更是吓人。然而伊芙在习惯了如此怪异的行为后，又怎能客观评判艾略特的呢？

和父亲相处的经历在伊芙心中种下了接受指责的种子，影响持续至今。虽然我们不是总能将幼时经验与成年后面对指责和情感勒索时出现的困难联系起来，但在伊芙的例子中，这种相关性却是很明显的。

阿特拉斯综合征

有"阿特拉斯综合征"的人，总是深信他们必须独自解决所有问题，并把自己的需求放在最后。就像希腊神话中反抗宙斯失败而受到惩罚的阿特拉斯一样，他们将全世界扛在肩上，要求自己对其他所有人的感觉和行动负责，希望为过去或未来的过失赎罪。

再来谈谈之前我们提过的凯伦，她在年轻时就有阿特拉斯综合征的症状，而这是父母的离异引起的。

父亲离开后，母亲似乎陷入了完全的孤独，因此我必须弥补她。因为母亲的家人都在纽约，而我们住在加州，而且她在这里只有一两个密友，所以我们相依为命。

我记得事情大约发生在我 15 岁时，那个跨年夜我正好有个难得的出游机会，有个朋友在圣诞节时打来电话，说我们可以来个四人约会，她要给我介绍一个男孩。但之前母亲和我早已计划那天要一起吃顿晚餐，再看部电影。因此当好友邀我一同出游时，我虽然很兴奋，而且特别想去，但觉得有点罪恶感。于是我找一个阿姨讨论了一下这个情况，她说如果我母亲知道我有这么好的一个机会，一定不会叫我放弃的，让我放心去约会。

后来我鼓起勇气向母亲说当晚我要去约会，她深受伤害，伤心地含着眼泪说："那我跨年夜怎么办呢？"最后我还是去了，也玩得很尽兴。但是回家后，我看到母亲头疼得躺在床上呻吟，我知道如果我没出去的话，一定不会发生这种事。虽然我并不想牺牲自己的全部生活，但我更不想继续伤害母亲了。

虽然当时凯伦只有 15 岁，但她已经学会了要让母亲依靠她，毕竟，如果她不照顾母亲，还有谁会照顾？她从来没有想过，母亲可以自己照顾自己。而且，假如凯伦惹母亲生气了，或是因为没满足母亲的愿望而"伤害"了她，母亲可能也会离开。

起初，我真的不知道该为母亲做些什么，但有天我突然想到有件事或许会有用，于是我拿起笔写下一封信："我在此对母亲承诺，长大后，我会尽力使她生活愉快，并且帮她认识许多有趣的朋友，保证她能做很多开心的事。爱她的凯伦。"当天下午，我把信拿给她看，终于让她露出久违的笑容，她还说我是个好女孩。

我们许多人都担负着要让他人过得好的责任，这是一项过于重大的任务，却不会给我们什么回报。凯伦找到了一种让自己感觉充满力量的方式，知道了该如何使母亲感到快乐，进而保证她自己的生活不会崩溃。

旁人很容易看出某个人的阿特拉斯倾向，因此凯伦的女儿梅兰妮在看到母亲如何对待外婆和其他人后，不断提醒母亲多年前那场车祸带给她的痛苦，向母亲发出了情感勒索的信号，对梅兰妮来说，母亲的行为是让她按下母亲情绪键的导火索。

梅兰妮和我非常亲密，所以我非常了解实行康复计划、保持清醒有多难。如果不是因为这场车祸和她身上的伤疤，她会更坚强。我是一名护士，我了解痛苦的感觉。我希望能使她远离痛苦，但是既然我做不到，我就只能保护她，这是我身为母亲的责任。我不喜欢她加在我身上的压力，但又希望她能拥有我所没有的东西，我非常爱她和她的孩子们。但你能想象吗，她生气时竟然会威胁不让我见他们？我们全家需要团结在一起，而如果需要我做那个把所有家人团结起来的人，我会去做的。

就像其他有阿特拉斯综合征的人一样，凯伦不知道她需要对其他人负的责任也是有限度的，因为长期以来，别人一直告诉她，她要为自己以外的所有人负起全部责任。

但是"责任"和"责难"常一并出现，很难划清界限。我试着和凯伦研究如何不再反射性地用"你说得对，是我的错，我应该补偿你"的心态来回应他人，这是她成年以后第一次试着在生活中界定自己的需求，并确定自己希望对其他人的事负多少责任。

圣母心

怜悯和同情会激发人的善良本性，甚至会让人做出高尚的行为，因此对缺乏同情心的人，我们也经常持鄙弃态度。因此很难想象，其实这些特质会带来麻烦。同情心会转变为毫无底线的怜悯，让我们为了其他人而放弃自己的利益。想想看，我们是不是常说"他太可怜了，我不能离开他"，或是"她流着眼泪看着我，我完全没法拒绝她的要求"，或是"一想到她经历过那种可怕的生活，我就会先退一步"之类的话？我们被他人的情绪需求困住了，失去了理性看待问题、寻求最佳解决途径的能力。

但是，到底是什么力量会让某些人同情他人的问题和遭遇，并适时伸出援手，而有些滥好人却恨不得像超级英雄一样飞奔到对方面前，不顾一切阻止痛苦的发生，即使牺牲自尊和健康也在所不辞？现在我们知道，我们会产生主动回应和采取行动的冲动，根本原因是有一个情绪键在运作。

怜悯的力量

我们在第二章中提到的公务员帕蒂，生长在一个向来不快乐的家庭，她的母亲甚至经历过长期抑郁，常一连几个小时甚至几天独自待在卧室里。帕蒂经常开玩笑说，在她的整个童年期，母亲都在睡觉。但她也记得，自己一直留心着母亲的需求，并且尽量安安静静地自己玩耍，不去打扰她。

我的个性相当独立，但我仍然很担心她，毕竟别人的母亲不会一天到晚都在生病，可是似乎最轻微的干扰都会让我母亲躺回床上去。长期下来，我已经非常了解她了，只要在她房门外听听里面的声音，我就能判断她是睡着还是醒着，甚至能知道她睡得好不好。如果她睡得好，我就会探头进去看看她，听听她的呼吸声，确定她真的没事。父亲不在时，这就是我的一部分工作。

这是圣母心的一个完美的训练场。当我们身边就有存在生理或情绪需求的亲人或其他重要的人，我们便会对那些小线索相当敏感，无论是眼皮的跳动、轻声叹气还是语调的变化，对我们而言都深具意义。而我们甚至会像帕蒂一样，学会分辨沉睡者呼吸声的差别。然而，帕蒂只是个孩子，什么也做不了。

正如之前提到的，许多成年人为了更好地处理事情，会退化成为一个小孩，而且也常见到有人套用孩提时的经验，以确保行为的正当性，因为和过去不同，现在的我们有能力弥补当初的遗憾了。

你知道那句俚语"嫁给像父亲一样的人"吗？而我嫁给了母亲！事实上，乔并不像我母亲那样病恹恹的，我之所以爱他，正是因为他在开心的时候精力充沛。但他非常情绪化，喜怒无常。他叹气的方式，还有心情不好时回到房间里躺着的样子，都和我母亲如出一辙。每当他这样做的时候，过去的种种便会重回眼前。因此乔总是说我善解人意，他只要有一点不高兴，我总是能一眼看穿问题所在，并一针见血地指出来，只有我能办到。当我们刚在一起时，我还挺喜欢我们那种契合的感觉，很高兴能让他开心，然而他却渐渐要求我懂他的心思，这时候就不那么美妙了。

和他相处就像跟孩子在玩具店里一样，你应该见过有些孩子会在店里牢牢抓住父母不想买的昂贵玩具不放，当你把东西放回架上时，他们觉得你夺走了他们最好的朋友。我就是那种会为了取悦孩子而买下那个该死玩具的人，是不是有点可悲？

要当一位滥好人，给受苦难的可怜人的心灵带去快乐并不容易，你得付出很大的代价。你要将濒临绝望深渊的人救回生命的岸边，这是一个漫长而艰苦的过程。助人为乐的愉悦常使人们忽略，意在激发他人同情的行为一旦过度，其实就是一种操控，仿佛只要给那些可怜人他们想要的东西，他们就会得救了。

因此，当这些可怜人遇到滥好人，结果十分具有讽刺意味。情感勒索的目标对痛苦感到无助，因此急于纾解他人的痛苦，但他们一旦响应每一个浸满泪水的要求，却会更无助，因为他们完全忽视了自己的需求，给自己带来了痛苦。

好女孩综合征

在回想成长过程中可能形成情绪键的时期时，佐伊并没发现任何创伤，因为根据她的说法，她的童年非常愉快，家庭也很和乐。

我身上与周围环境格格不入的唯一一点就是，我不像其他女孩那么文静，我相当有竞争心，喜欢胜利的感觉，但这点却常惹恼我父母。当我在学校表现不错时，他们便会说我爱表现，这让我的姐妹们学到了不要出风头的道理，但我就是跟她们不一样，虽然家人总说以我为荣，但大肆吸引旁人的注意实在不是一个淑女该有的行为。

因此佐伊这些年来一直保持低调，试着不在不鼓励女性竞争的环境中表现得太过抢眼，但她的工作表现仍令人印象深刻。虽然她从没计划过成为经理，但现在手下已经有 10 名员工了。

> 对女人而言，这条路走来倍感艰辛，对我来说更是如此，因为我发誓要做出一些成就来。不过我相信，在这个充满竞争的世界中仍有亲切感和同情心存在。我一直希望员工在把我当成上司的同时也当成朋友。我无意以权压人，或强迫大家按我的意愿行事。毕竟我们是同事，不是主仆，谁规定当老板的一定要抛弃人性？

佐伊经常帮助其他女性，为她们提建议，她对自己的这项能力感到骄傲，这让她觉得自在。她希望在他人眼里变成一个高贵、富有同情心、循循善诱、只要需要就会提供帮助的人。她心甘情愿地扮演一个滥好人的角色，就算升了职也不愿抛弃这些特性。

她决定当个和员工交朋友的好老板，特别是和泰丝。她们经常一起吃晚餐，并出于共同的喜好去剧院看戏。因为这样，在泰丝面前，她很难维持老板的样子，因此也很难拒绝她。就像查尔斯和雪莉一样，就算不为爱情而是友情，一旦公私不分，人际关系通常都会变得非常复杂，也经常得不到好结果，其中一方权力更大时更是如此。

在查尔斯和雪莉的例子中，权力更大的一方是情感勒索者，这是一个预料之中的典型情境。但在佐伊的例子中，权力更大的一方有着更敏感的情绪键，使她轻易地成为员工情感勒索的对象。

> 她总是不断要我给她更重要的工作，她说既然我们都是朋友了，我怎么能拒绝她呢？当我试着告诉她我们之间的友谊和我对公司的职责无关时，她总是说我太在意自己的地位了，这样下去会变得自大、独裁。唉，这论调对我来说太熟悉了，我不希望别人怕我或认为我不通情理，再这样下去我快被逼疯了！

在内心，佐伊一方面渴求成功，另一方面却希望获得他人的喜爱，而她并未解决这两部分之间的冲突。佐伊深受"好女孩综合征"之扰，这个问题也困扰着许多现代女性——她们心底深深希望自己有能力在获得权力和成功的同时受人喜爱。正因为佐伊不能明确自己应该给旁人留下怎样的印象，所以她成了情感勒索者的绝佳目标，让泰丝得以乘虚而入。

佐伊对泰丝而言是一个情绪垃圾桶，因为她能容忍泰丝喋喋不休的抱怨。当佐伊有要事或无法满足泰丝的要求时，泰丝便会说："可是这件事只有你能帮我，没有你，我一定办不到。"这句话对佐伊很管用，因为这是佐伊获得别人关爱的方法：温柔、热情且具有同情心地照顾别人，并在别人需要时随时伸出援手。然而对希望抗拒情感勒索的人而言，这种话充满了陷阱。我们的结论是：佐伊也应该同情同情自己。

自我怀疑者

能认识到人非圣贤，难免会犯点小错，这种心态是健康的。但健康的自我评价很容易变成自贬。面对他人的批评时，刚开始我们总会否认，但渐渐便会觉得，我们的感觉或标准是不是出现了偏差。毕竟，如果一个对我们而言重要的人说我们错了，我们怎么可能是对的呢？但我们也许只是被迷惑了。我们知道自己看到和体验了什么，但经常不信任它们，而且会削弱自己的想法、感觉和判断对行为的指导力，反而依赖他人的意见来为自己做决定。

这种情形经常发生在我们和握有某种权威者的互动之中，尤其是和父母，因为"父母懂的总是比你多"。但它也可能发生在恋情或友谊中，如果你感到仰慕的恋人或朋友恰好是个情感勒索者，或许会将这些人理想化，赋予他们权力和智慧，相信他们比我们聪明，做得比我们对。我们或许不欣赏他们的行为，或者认为他们对我们的要求并不合理，但由于缺乏自信，所以我们习惯屈服，从不质疑他们要求的合理性以及他们所述的真实性。（这种情况特别适用于那些早期受到"女性受情感控制，无法担当大任，而男性高人一筹，是充满理性和逻辑的生物"教育的女性。）

如果我们一直不相信自己，便会认为他人比我们更聪明，那他们便会很容易使我们陷入自我怀疑的泥淖，因为情感勒索者总是知道该在哪里做文章。

知识的危险

自我怀疑论者常会说："我所知有限，没办法弄懂所有事。"我们既有的知识会令我们不适，甚至感到危险，我们觉得，一旦我们认为自己的观点正确，便会意识不到自己需要做出哪些改变。

对罗伯塔而言，因为她曾经遭受父亲的毒打，又在打算说出真相时受到了家人的阻挠，她很难坚持自己对真相的认知。她说："全家人都说是我不对，万一他们说的是真的，那我该如何是好？如果我说的是真的，那为什么大家都不承认呢？这一切会不会只是我的想象，只是我夸大其词了？"

暴力受害者常通过自我怀疑来让自己免遭过去的痛苦侵蚀，常见的说辞有"或许事情没我想得那么糟""或许是我反应过度了""或许一切根本没发生过""也许只是一场梦"等。罗伯塔需要抓住真相，但有时她有心无力。

我不能因为这件事失去整个家庭，我一生都在希望能做些让他们注意到我的大事，但一切都徒劳无功。哥哥是父母的心肝宝贝，因为他是他们的第一个儿子。而我只是个胖胖的小女孩，我父亲完全无法接受我，他从我出生那天开始就讨厌我，我所做的事都是错的，根本没有人相信我。我只是希望他们能爱我，但他们现在却恨我，我真是疯了才选择这么做。或许他们说的才是真相。

罗伯塔的家庭向她施压，她如果不放弃自己所说的真相，就会被家人扫地出门，这几乎已经让她缴械投降。她成了家人的替罪羊。

家庭中的某个成员要为家中的所有问题负责，并不是一个罕见的现象。罗伯塔成了家人对家丑进行抵赖和掩盖的中心，她也必须接受与其相关的责难、压力、焦虑和罪恶感，来确保其他家人的心态平衡。只有这样，其他家庭成员才不用正视自己的畸形。

当你爱的人说你疯了、错了或是有病的时候，你很难相信自己的感觉才是正确的。但是，通过他人的支持和自己的努力，罗伯塔终于找到勇气坚持自己的立场。她如果没有摆脱自我怀疑的态度，是不可能办到这一点的。就像我们前面观察过的那些行为模式一样，自我怀疑会给她带去安全感，牢牢束缚住了她。

你坚持自我认知，或发现忽视了自己的判断的过程，或许不会像罗伯塔的情况那么极端，但重要性是完全一致的。坚持真实能让罗伯塔得到救赎，对我们大部分人而言，这也是能终结情感勒索的唯一方法。

平衡问题

我们看到的各种行为模式都是我们刻意选择的、确保自身安全的生存机制，但问题是，大多数的观念早已过时，而我们也从未停下来对其进行审视或更新。如果这些行为模式能与其他行为保持平衡，不会长期作用，你在情感勒索者眼中就没有那么强的吸引力了。避免冲突，保持和平，甚至有一些自我怀疑，都不会伤害你，只要别让这些情绪成为你不想面对自己真实感受时的挡箭牌。就算你不喜欢冲突，在面对他人的无理要求时不妥协，这种做法也没问题。但如果你一直让这些特质掌控你行动的方向，你就会掉入情感勒索的漩涡。

你正在培养情感勒索者

情感勒索是需要训练和实践的，但又是谁在提供机会呢？是你。除了你，又有谁能清楚、精准地告诉情感勒索者：这些手段对我有用，就是这些压力让我不得不妥协，就是这些仿佛为我量身定做的工具会戳疼我最脆弱的部分？

你或许不觉得自己帮情感勒索者做过什么训练，事实上，他们能从我们对他们提供的测试的反应中找到些许线索。下列要点会帮助你了解自己是否在生活中给了情感勒索者可乘之机。

当你面对情感勒索者施加的压力时，你会不会：

- 道歉
- 试图跟对方讲道理
- 争吵
- 哭泣
- 哀求
- 改变或取消重要计划或约会
- 提出让步，希望这是最后一次
- 投降

你是否认为下面的做法很困难或无法实现？

- 为自己的观点辩护

- 正视事实

- 申明自己的原则

- 让情感勒索者知道他们的行为是你不能接受的

你如果选择了第一个列表中的任何一项，就是在为情感勒索铺路了。每一天，我们都在用行动告诉别人，我们希望或不希望受到怎样的对待，不想正视什么事，会对什么事持放任态度。或许有人认为，只要采取无视或不大惊小怪的态度，别人令我们反感的行为就会自动停止。但是，不直接反对的态度只会告诉别人：你这么做是对的，继续做吧。

一切从小事开始

很多人都不明白的是，情感勒索建立在一连串测试的基础上，如果它能在小事上成功，我们便马上会在更大规模的事件中看到它的踪影。因此当我们向压力或不适的感受屈服后，我们对对方的行为进行了正强化，是在对他们的不良行为进行奖励。令人难以接受的事实是，每次你让某人侵害你的尊严和完整自我，都是在帮助他们伤害你自己。

我们总觉得情感勒索旋风般猛烈地从四面八方向我们袭来，摧毁我们的生活，于是我们常会自问："为什么有的人翻脸像翻书一样？""事情怎么一下子就被扭曲成那样？"有时，情感勒索会突然闯进你的生活，但很多时候，它都是在你的默许下缓慢发展壮大起来的。

谈论和丈夫迈克尔之间的问题时，丽兹描述了当迈克尔威胁要惩罚她时，她有多恐惧。但当她回顾往事时，她却发现在这个大问题发生之前，她已经容忍过迈克尔无数次小型的情感勒索行为。

迈克尔总是要求完美，如果和你约好时间见面，只要你迟到5分钟，他就会先走——而这么做只是要让你知道，你必须守时。早在他整理我放在咖啡桌上的杂志，并且抱怨它们不整齐时，我就该意识到了。他对每一件微不足道的事都有自己的规则，而这些规则就是造成我们关系紧张的关键，我们的双胞胎出生后也一样。你知道，孩子还小的时候，要求家中一尘不染是不可能的，可他完全不管现实条件如何。他永远都会让我明白，他需要家里维持某种秩序，而他也自有一套方法来告诉我这一点。

我记得某天我忘了把盘子放入洗碗机中，而是留在水池里了。当我回家时，迈克尔竟然把它们都堆在地上，我不敢相信，但我什么也没说，只是忍气吞声地把它们捡起来。

丽兹认为这是她的错，迈克尔有资格对她生气，因此，她在事实上开始帮助迈克尔训练情感勒索的手段。迈克尔清楚地看到，自己的惩罚方式多么有效。

现在回想起来，他总是有办法纠正我的行为。有一次我忘了关车库门，结果迈克尔关了电动门的开关，我得下车亲自去开门。这就像是父母们喜欢发明的那种让你永远记住教训的惩罚方式。他让我觉得自己是愚蠢、不负责任的，而且是个坏妈妈，这让我深感罪恶，到头来我总要向他道歉。

迈克尔这样的惩罚方式剥夺了我们作为成年人的尊严和力量，这种方式和一记耳光没什么区别，意图就是将我们贬低为一个需要教导的坏小孩。像丽兹的感觉一样，我们的罪恶感很容易变成"我错了，所以应该受罚"的心态。

当迈克尔按下丽兹的情绪键后，丽兹甚至从未想过让迈克尔了解自己有多难过，而且也从未想过质疑他的行为。但是，隐藏情感的结果却促使迈克尔变本加厉地惩罚她，以纠正她的行为。情感勒索者会观察我们容忍的限度，以此来决定他们行为的强度。虽然我们不知道如果丽兹一开始就阻止迈克尔的这种行为，会产生什么结果，但可以确定的是，丽兹让迈克尔觉得，只要他把她当小孩，辱骂或威胁她，他就能达到目的。于是，迈克尔的惩罚行为一再重演，甚至升级到威胁丽兹说如果她想离开他，他就要断绝她的经济来源并带走孩子。这种惩罚已经触及丽兹痛苦和恐惧的极限。

表面上看来，车库事件似乎和后来更严重的惩罚没有太大关联，但就像小感冒会引起肺炎一样，对小事的无视或不作为会导致更大的危险。

情感勒索的受害者都会发现，对情感勒索而言，一开始的情况预示着未来的发展。今日之因会造成明日之果。

自我勒索

虽然本章的标题强调了情感勒索双方的配合，但有时情感勒索确实只需要一个人就能完成。我们一个人也可以轻松地建立情感勒索所需的各种要素，从要求和抵抗到施压和威胁，我们都可以一人分饰两角：勒索者和被害者。在极度恐惧他人的负面情绪，并忍不住展开多余的想象时，这种情况就会发生。我们认为如果我们向他人提出要求，对方可能会反对、退缩或生气，我们太想保护自己，只要觉得别人有一点可能拒绝我们，我们都不会有勇气开口。

我可以举个例子。

从一年多以前，我的朋友莱斯莉就打算去意大利旅行，她已经和朋友安排好了行程，买好了歌剧票。但6个月前，她的女儿艾莲娜费尽周折终于离了婚，因此莱斯莉要不时借钱给女儿，并经常帮她照顾两个幼小的孩子。母女俩度过了一段艰苦的时期，却变得更亲密，而莱斯莉也对她们关系的进展感到高兴。

"我不可能做出任何破坏目前状况的事情。我知道如果我去旅行的话，她会生气，觉得我很自私，我怎能在她有困难并需要我帮助时外出度假呢？"假如莱斯莉向女儿解释一下状况，她很可能表示理解，但莱斯莉却拒绝验证这项假设，而宁愿推迟一个她渴望已久的假期。

我们经常因为担心他人的反应而不敢做那些合理且符合我们自身利益的事。有些人将自己的梦想和计划束之高阁，只因为"确信"其他人会反对，但他们甚至都没尝试开口。他们想达成某些愿望，却自我设限，通过臆想中的负面结果给自己施压，阻止自己做自己想做的事，自己给自己制造了迷雾。这就是自我勒索。

或许我们在与人交往中有过被拒绝的经历，我们也会以此来证明我们对他们反应的猜测，但我们却经常做出完全脱离实际的假设。我们甚至会因为想象中某些人的反应而憎恨他们，可实际上他们却连发生了什么事都不知道。这时，我们小心翼翼地绕开自身的情绪键，却将自己锁在了一个安全、真空的自我勒索模式中。

写在最后

千万别把本章当作打击自己的工具。到目前为止，你其实已经在自己的认知范围内做好了该做的事。你和多数人一样，都是 PTA 协会的一员——你们的行为都是无意识（Prior To Awareness）中形成的。现在，请你认真思索自己过去到底是怎么样的一个人，并利用本章更深入地了解情感勒索的过程，正确认识你在其中扮演的角色。

第七章　情感勒索的影响

所谓的"情感勒索"也许不会威胁我们的生命，但会夺走我们非常珍贵的一项资产——自我完整性（integrity）。自我完整性反映着我们的价值观和道德感，是我们用以辨别是非的中枢。虽然我们说到自我完整性时，指的经常是诚实的品质，但它的重要性不止于此。从字面上看，它意味着"整体"，许多人确信，它反映了我们的身份、信念，我们愿意做什么，有什么原则。

大部分人都能轻而易举地列出自己认为自己可以做和不能做的事，但要将这些准则融入生活中，并在情感勒索的强大压力下捍卫它们，其实是非常难的。因此，很多时候我们只能屈服与妥协，丧失了自我完整性。

高度的自我完整性究竟是怎样一种感觉？你可以看看下面的列表，最好大声念出来，想象自己在大多数时间里符合以下描述。

- 我坚守自己的立场。
- 我不让恐惧主宰生活。
- 我敢跟伤害我的人据理力争。
- 我可以决定自己的生活，不会让他人插手。
- 我信守对自己的承诺。
- 我会保持身体和心理健康。
- 我不会背叛他人。
- 我说实话。

以上是我们对自己的生活做出的有力声明。如果它们可以反映我们的真实生活，它们则给了我们一个平衡点，让我们不至于被持续不断的压力推离生活的中心。但是，当我们开始向情感勒索屈服退让，我们就会一个个划掉这张清单上的所有条目，逐渐遗忘了到底什么才是正确的。每次，这样的退让都会使我们一点一滴地丧失自我完整性。

当我们违背这种对自己最基本的认识，也就失去了生命中明确的指标，只能随波逐流。

对自尊的影响

我们如何描述再次屈服于情感勒索者的自己？软脚虾，懦夫，失败者，或是白痴？情感勒索者布下的迷雾会让我们的自我判断变得模糊不清："如果我有点骨气就好了，就不会那么轻易退让。"我们会问自己："我是不是真的这么没用？我到底是怎么了？"

如果只是在一些小事上让步，你大可不必如此严厉地批判自己。大部分人都了解，低头做出妥协是常有的事，而且即使因为压力而不得不退让，大多时候也都无关紧要。但是，如果你掉入了不断妥协的模式，甚至答应对自己有害的要求，则会损害你的自我认知。就算要让步也该有所谓的底线，超过这个底线，就违反了你的原则及信仰。

让自己失望

玛丽亚渐渐看到，假装这个底线并不存在的举动，让她付出了极高的代价。在我们的咨询开始几个月后，她一改原先开朗外向的个性，在一次碰面中异常沉默。我问她发生了什么，她才慢慢地告诉我。

我对很多事情都感到很生气，这其中当然包括杰的所作所为。

但是，最让我愤怒的却是我自己的行为。我知道，我们已经强调了很多次家庭的重要性，我如何尊重家庭，将它放在生活中的首位。但我在镜子里看到的却是一个不懂得尊重自己的女人，正因为这样，她没能直接告诉丈夫："我不会允许你用不忠玷污我的人格，还有我的婚姻。"我觉得对自己彻底失望了。我做了那么多事，偏偏从来没有为自己发过声，我就像在自己身上挂了一个写着"来踢我"的牌子一样。

我告诉玛丽亚，虽然她自己不觉得，但她其实已经有了很大的进步，她现在已经付出了不少努力，已经获得了阶段性胜利，认清了自己的需求，并能适时抵抗周遭的压力。目前玛丽亚感受到的强烈自责，可能来自这么多年来，甚至可以说是有生以来，她第一次看清的事实——自己积极贯彻的那种强烈的价值观尊重并保护着所有人的权利，却偏偏忽视了她自己的。

恶性循环

尊重与保护自我完整性并不容易。情感勒索者会用混乱和吵闹的手段让我们顾不上自己内心的原则，让我们无法看清自己真正的需求，只有在又一次妥协后才会醒悟。

允许丈夫乔逼自己向生病住院的姑妈借钱的帕蒂，就是在压力下被迫让步的典型例子。

那种情况怎么做都不对。如果我不打电话，我就会成为一个让乔失望，也让我自己不能原谅自己的人。毕竟他是赚钱养家的那个，做了那么多事，这次只不过要我帮他个小忙而已，听起来非常合理。但我照做之后，却感觉特别糟糕……非常可怕，而且毫无意义。我觉得自己被利用了，我好像完全没有骨气一样，我确实没有。

帕蒂陷入了做什么都错的困境，这种困境会让很多情感勒索受害者自我谴责。一旦帕蒂接受了乔的洗脑，认为他的急迫需求不过是一个她欠他的"小忙"，她就无法考虑拒绝这个选项了，即使她真正的想法是："我不是那种人，有哪个正常人会向刚出院的人借钱啊？"

帕蒂并没有失去判断是非的能力，但为了息事宁人，她却表现得好像失去了这种能力，而这也让她十分后悔和自责。

不幸的是，这样的状况造成了一种恶性循环。我们在压力下会做出违反自我认知的行为，之后，我们会震惊地发现自己已经成为情感勒索者随意摆布的对象，这让我们不敢相信。因此，在失去自尊之后，我们更容易受到情感勒索者的摆布，因为我们急需他们的"肯定"，证明自己没有那么糟糕。我们也许不能坚持自己的原则，但至少我们还可以迎合情感勒索者的标准——就像帕蒂说的：

> 我害怕如果不打电话借钱，乔就不会再爱我了，我不是一个好妻子。我需要他。如果我让他失望，他就不会再爱我了。

所以，即使帕蒂非常抗拒打电话给姑妈借钱，但这总比拒绝乔好得多了。要帕蒂在违背自己的是非标准和成为糟糕的妻子间做选择，她会选什么是很明显的。

合理化与正当化

保持自我完整，可能是一个恐怖而孤独的过程，有时甚至会引发亲朋好友的反对，威胁到一段关系。因此，玛格丽特如果想维护跟卡尔的关系，就要做出很多情感勒索被害者在面对是听从自己的真心还是向情感勒索者的要求妥协的选择时的做法：合理化。

玛格丽特会试着替自己答应卡尔要求的行为找到一些"好理由"。她告诉自己，去参加淫乱派对其实没什么大不了的，都是自己太古板了，毕竟卡尔不管从哪一方面看，都是一名好丈夫。这种试图将不合理的事物合理化的过程，暗示着她目前的行为已超出自我认知中真实和健康的范畴了。

要让自己接受原先无法接受的行为或观念，需要对生理和心理做出极大的调适。自我完整性与情感勒索导致的压力之间展开了战争，而且免不了有损失与伤亡。玛格丽特就付出了惨重的代价，在咨询中，我帮她重新建立自尊，停止自怨自艾，并强化了她内心中的原则对她的指导作用。

无论在与周围人的交往中我们感到多么困惑、自我怀疑和无所适从，我们都不可能完全压抑自己内心的声音，它会告诉我们真相。这个声音不一定好听，我们也常把它抛到意识之外，对其置之不理。但只要我们愿意倾听，它就能引导我们获得智慧、健康与真理。就是它，守护着我们的自我完整性。

伊芙已经报名参加了一些艺术课程，希望能掌握一些工作技能，获得经济上的稳定性。但是在艾略特的压力之下，她乐观的计划却全泡汤了。

> 我只是想要学习一些技能，好让自己别总是依赖别人。我想，我可以学计算机绘图，这样总比坐在家里等好事上门要好。但是，艾略特真的、真的很不喜欢我这样。有一天，当我要去参加一个计算机考试的时候，他竟然威胁说他要服药自杀。我真的吓呆了，我害怕的噩梦终究还是躲不掉。他就坐在那里，拿着一瓶酒和一罐药，这时候我怎么还能去学校？尽管我告诉自己："不要理他，去学校吧！"但我还是屈服了。我想，算了，别管学校的考试了！

就像许多情感勒索的受害者一样，伊芙忽视了一个事实：我们需要对自己负责。和艾略特施加的压力相比，"我要对艾略特的死活负责"

的想法已凌驾一切。

艾略特的威胁是一种极端情况，会让伊芙束手无策。但即使情况温和得多，许多情感勒索受害者也会选择屈服。情感勒索最重要的一个影响，就是让我们的世界显得更为狭隘。为了取悦情感勒索者，我们有时就得放弃朋友或喜爱的活动，尤其在情感勒索者掌控欲或是依赖心极重时。

因此，你为了让情感勒索者高兴，每放弃一堂想上的课、一件感兴趣的事，或取消和你关心的人的约会，都相当于放弃了自我中重要的一部分，削弱了你的自我完整性。

对幸福感的损害

情感勒索经常让人陷入突如其来、有苦说不出的窘境。就像帕蒂一样，虽然她对乔心存怨恨——这是再自然不过的事——却无法通过宣泄气愤和挫败感而获得解脱。因此，大部分受害者都压抑这些不快的感受，却导致它们以被压抑的形式浮现出来，如抑郁、焦虑、暴饮暴食、头痛等一系列生理和情绪表现，都是这些感受的间接表现形式。

当凯瑟琳的治疗师强迫她去参加另一个小组时，她真的快气死了，不但气这个治疗师，还气一位与此事相关的密友。

我的朋友已经在那个小组里了，她也不断逼我加入。之后，我发现竟然是朗达示意她对我施压的，我对她们两个人都感到气愤。但是我不敢直接表达出我的气愤——事实上，我甚至不知道我有没有权利生气，这让我觉得更沮丧。这整件事实在让我很痛苦。

朗达的确对我造成了很大的伤害，我当时非常脆弱，但她从未对我提供过支持，也从未肯定我的能力，而是让我对自己的感觉更糟了——她加深了我的脆弱，让我感到自己是那么不受欢迎，但是感谢老天爷，我还有脑子看清这个事实，并从中抽身。

很多情感勒索中的受害者都像凯瑟琳一样，质疑自己到底有没有权利感受到这些负面情绪，尤其是愤怒。他们可能会将情绪内化，转成抑郁，或者是将状况合理化，以压抑自己感到愤怒的事实。这一点凯瑟琳就幸运多了。她抛开了所有的沮丧和自我怀疑，成功跳出了这个让人不悦的情境。

赔上你的心理健康

伊芙深陷在与艾略特的这种极具破坏性的关系中不可自拔，她甚至觉得自己的理性也受到了威胁。

> 我知道我现在的情况很不乐观，我的情绪千疮百孔，说不定我会被送到精神病院里去，关在橡胶病房里。我现在极需要坐在摇椅上摇一摇，我觉得自己真的快疯了，我没法在感情上远离艾略特。这是一种混合了愤怒、爱与罪恶感的可怕感受。

当情感勒索的力量剧烈压迫我们，导致我们内心强烈的情感激荡，我们就会认为自己"快疯了"。我告诉伊芙，我们经常会错把一些强烈的情绪当成疯癫的表现，我们有办法帮她消除这些恐惧。她的看法是对的——她的确需要学习如何在情绪方面拉开与艾略特的距离，这样才能有效、冷静地处理目前宛如肥皂剧的荒谬生活，而这点我们可以一起努力。

拿伊芙的情况来说，情感勒索可能会对受害者的心理健康造成伤害，甚至连你的身体健康也不放过——当你想超越生理极限来取悦情感勒索者时，情况就会更严重。

身体疼痛的警告

我们前面提过的那位杂志编辑金，在上司的压力下拼命地工作。然而，某天半夜，她被从肩膀到手腕的一阵剧烈疼痛惊醒了。

> 我担心这种事已经很久了，但它发生时我还是特别震惊。我不知道为什么我不能直接说："我的手臂痛，我要放慢速度，不再一个人干两三个人的活了。"但是，我仿佛听到肯的声音在耳边响起，说米兰达以前有多棒，这样一来我就得向他证明现在的我也一样很棒。那个混蛋特别清楚该怎么让我屈服，而且最令人害怕的是，是我让自己陷入这种窘境的！

当我们不好好保护身体，它就会用疼痛来提醒我们。对金来说，反复出现的剧烈疼痛警告她，过重的工作负荷可能会给她带来严重的身体损伤。

在金的情况中，因果关系是很明显的。庞大的工作量、频繁加班和让人喘不过气的巨大压力不断地折磨着她，让身体最终向她提出了抗议。

我当然不是说每种疾病都与心理上的焦虑感有关，但有明显的证据显示，心理、情绪与身体是紧密相关的。情绪低落可能会导致头痛、肌肉痉挛、肠胃问题、呼吸系统失调及其他疾病。我相信，随着情感勒索而来的压力和紧张，在其他宣泄出口被堵塞或关闭的情况下，将会通过生理病症显现出来。

牺牲他人，安抚勒索者

我们都知道向情感勒索退让或屈服，等于放弃了自我完整性，但我们却忽略了一点，在安抚情感勒索者或是避免冲突的同时，我们也牺牲了我们关心的其他人。

在本书中，我们已经看到了情感勒索如何影响受害者亲朋好友的许多例子。乔什背叛了贝丝，告诉父母他们已经分手，这深深伤害了贝丝。她觉得乔什完全不为她着想，而且她知道终有一天，乔什的父母会发现他撒了谎，届时只怕会引起更大的波澜，而如果乔什一开始就采取更有勇气的做法，结果肯定会不一样。

凯伦发现自己陷入了一种两难局面，夹在母亲与女儿之间进退不得，伤害其中一方将在所难免。

我正在筹备妈妈75岁生日的庆祝派对，她问我哪些人要来，于是我列了一张清单。但是当我写下梅兰妮的名字时，妈妈竟对我说："我不要她来。我知道她是你的女儿，但是她最近对我态度很差，很不尊重我。我上次打电话给她时，她忙得根本没时间跟我说话。只有在有求于我的时候，她的态度才会好。"

我试着安抚妈妈，告诉她梅兰妮最近有很多烦心事，但妈妈怎么也无法接受。"如果你让她来，那我就不要办派对了。你可以办一个没有寿星的生日派对，反正我以前生日都是自己过的，今年自己过也无妨。"因此，我得亲口告诉女儿，她的外婆不欢迎她出现在自己的生日派对上。

凯伦让自己陷入了母亲与女儿的冲突之中，也让自己成了替两个成年女性传达消极情绪的信使。就像大部分人一样，凯伦不具备应对情感勒索的任何有效策略，而且她认定自己只有两种选择：听母亲的话，让女儿难堪；或是固执己见，冒着忤逆母亲的危险——这可是一个两败俱伤的局面。

很多人都遇到过这种被情感勒索者要求在关心的两个人之间做出痛苦抉择的情况。"看你要孩子还是要我"就是一个很普遍的例子，亚历克斯认为朱莉的儿子夺走了她太多的注意力时，就提出了这样的要求。

另一个熟悉的情况则涉及多名家庭成员，他们被要求选择支持父母中的一方，尤其是在父母离婚之后。如果双方没有好聚好散的话，就会发生这种状况："如果你再和你爸爸说话，就不要再来找我，我的遗产也没你的份，我是不会再跟你说话的。"这真是一个痛苦的两难困境，无论选择了哪一边，另一边都会受到伤害，加深了我们本已深重的罪恶感和自责。

对关系的影响

情感勒索让任何亲密关系都不再安全可靠。我所谓的"安全"，指的是善意及信任——这两个要素让我们可以无顾忌地向别人展露内心，因为我们知道对方会对我们表示关爱。如果这些要素，剩下的只是一段浮于表面的关系，缺乏情绪上的坦诚，我们便无法在对方面前表现真实的自己。

当一段关系不再安全，我们会变得对情感勒索者处处提防，甚至越来越无法与他们坦然相处。我们不再相信他们还会关心我们的感受，替我们着想，甚至不觉得他们还会对我们说实话。因为我们知道，他们一旦开始索取他们想要的东西，轻则忽视我们的感受，重则对我们毫不留情。这种情况下，两个人之间就丧失了亲密。

沟通失效

伊芙异常苦涩地告诉我，她和艾略特之间再也无法亲密起来。

> 我知道他人很怪，甚至有点疯狂，但刚开始他不是这样的。我们在一起的第一年是非常简单而浪漫的。他是个很开朗、才华横溢

的人，我们彼此很相爱。但是在我搬去跟他一起住之后，他才露出不为人知的疯狂一面。

现在我就像在一个压力舱里一样，我不知道该怎么描述。这有点像是对待一个让你很生气或者生了重病的人，你虽然依旧很关心他，但完全没有亲密感了——我不是指身体上的亲密接触，而是情感上的。我已经无法向艾略特倾吐自己的真正感受了，因为他非常脆弱。我无法跟他分享自己的梦想或计划，因为他会感受到很大的威胁。对他来说，这些话题都是禁忌。当你说每句话都需要很小心时，亲密关系便已不复存在。

正因为情感勒索的受害者已经对负面评价、反对意见、压力以及反应过度等习以为常，他们不会再和情感勒索者分享生命中的重要时刻。因此，对话中的受害者将出现以下转变。

- 不再与情感勒索者分享一些愚蠢或丢脸的事，因为他们可能会嘲笑我们。
- 不谈自己的一些悲伤、恐惧或是不安的感受，因为情感勒索者可能会以此要挟我们遂其所愿。
- 不谈愿望、梦想、计划、目标或是幻想，因为情感勒索者可能会给我们泼冷水，或以此为证据，指责我们有多自私。
- 不谈不愉快的生活体验或是艰苦的童年，不让情感勒索者有借口指责我们喜怒无常或有心理缺陷。
- 不透露出自己正在寻求改变、完善自我的事实，因为情感勒索者希望维持现状。

如果我们得一直战战兢兢地和某人交往，那这段关系还剩下什么？故作轻松的闲聊，令人窒息的沉默，弥漫的紧张气氛？在围绕着一个被暂时安抚的勒索者和一个做出让步的受害者的看似平静的表面下，其实正有一条裂痕在不断扩大。

凯伦的母亲用强迫的手段让她多陪陪自己，但她们之间却已不再亲密，凯伦的母亲对她说话的样子，和对着一个硬纸板人说话没什么两样。她们之间僵化的互动让凯伦无法表达真心和自己切实的需求，这就像有根带刺的钢丝将母女两人隔开，一条是母亲的批判，另一条是凯伦通过退缩来自保的努力。

为了避免招来下次情感勒索行为，我们会将本心压抑到令人惊讶的程度。我们和勒索者的沟通像过马路一样，小心地避免谈到某些话题，甚至引起对方的要求，就像佐伊描述的这样。

> 我甚至不用问泰丝最近怎么样，因为她会主动告诉我，还会叫我想办法帮她。我知道我们可以谈天气、纽约道奇队、梅尔·吉布森和电影——只能是喜剧，总之必须是轻松的话题。

一旦落进情感勒索的陷阱，因为安全话题的缩减，我们与朋友、另一半以及家人的亲密关系将从深厚逐渐变得淡薄。

艾伦就相信自己必须小心选择和朱交流的话题，因为她依赖心太强，而且常常反应过度。

> 我不能告诉朱自己也有害怕或不安的情绪，毕竟我是家中的支柱。但她是我的妻子，我偶尔也想对她倾吐最近生活中的烦恼。像我的生意近来有点问题，我甚至要挪动某部分投资以平衡收支。圣何塞有一家小工厂，我想去看看，商讨一下新合约，我们的周转很可能就靠它了。但我根本不想跟她提出差的事，我要是离开家几天，她会疯的。我现在也不能告诉她我们的情况不太乐观，那样她会惊慌失措。天啊，这算什么夫妻关系？根本就是我一个人在独撑！

艾伦总是告诫自己，别谈些他认为朱"无法承受"的话题，因此，即使两人住在一起，他却仍然觉得孤单，缺少了那股不仅能同甘，更能共苦的亲密感——他们的婚姻已经进入了死胡同。

更吝于付出感情

情感勒索中最奇特的悖论就是，情感勒索者越加强对我们的精力、注意力或是情感的索取，我们就越无法对他们付出。我们常常连最微小的爱意都不愿释放，就是不想被情感勒索者误读为我们愿意在他们的压力下屈服的信号，所以我们成了吝于付出情感的小气鬼，不想一再满足情感勒索者的希望和幻想。

那位编剧罗杰在和我谈话早期就提过这种矛盾。在和爱丽丝的关系还没十分稳固前，他就想到这个问题了。

> 爱丽丝曾跟我共度了许多美好时光，我很希望我能告诉她我多么欣赏她，她从很多角度看都是个很棒的女人。但是我说不出任何带爱意的话，因为我怕她会觉得我在向她求婚，或者又开始张罗生小孩的事。我原本是个感情很丰富的人，但现在我却发现自己在不断压抑，因为我不想误导她。我不能尽情表达感受，我知道她也充满了被拒绝的感觉。

在他们当时的亲密关系中，罗杰无法自由地表达出真实感受——即使都是些积极的感情——因为他知道这些话听在一直有着不现实期待的爱丽丝耳中会变成什么样，甚至可能会被转化成未来实施情感勒索的有力武器。

我们常常需要压抑自己，不泄露快乐的情绪，不表达关爱，除非这种快乐可以用情感勒索者的标准衡量，不然我们感觉不到庆祝的意义。乔什明显无法将快乐与父母分享，因为父亲很反对他与贝丝交往，这样做可能不太保险。

"我爸爸根本不想了解我的生活，我好像就不该有自己的生活。他说他爱我，但他怎么可能爱我？"乔什问，"他根本不想了解我是个什么样的人。"

乔什的父亲自认为与儿子之间的亲密关系并不存在，他心目中孝顺的乔什也不存在。唯一真实的是乔什与贝丝的关系，但这是乔什父亲不知道的。这对父子的关系其实是空洞的，很多人与情感勒索者间的长期关系也逃不过这个结局。

当一段关系已不再稳固、亲密时，我们就会开始以各种方式粉饰太平。我们不高兴，却假装自己很快乐；我们觉得情况不好，却谎称一切都好；即使很兴奋，我们也会压抑自己的情绪；我们会假装爱着那些压迫我们的人，即使我们爱的那个人早已消失。于是，以前的关怀与亲密之舞变成了一场假面舞会，让双方越来越多地隐藏起最真实的自我。

现在，你可以总结我前面讲过的内容，将其付诸行动，有效地应付情感勒索以及情感勒索者了。你会很惊讶地发现，你将迅速恢复自己的自我完整性，并大幅改善与情感勒索者的关系。

化知识为行动

▷ 改变的时刻到了

有个故事我很喜欢。一个男人在路上开车,忽然看见有个女人蹲在路旁的街灯下,他想她一定遇上麻烦了,所以停下了车。

"发生了什么?"男人问,"你看起来需要帮忙。"

"谢谢你,"女人回答,"我在找我的钥匙。"

男人帮忙找了一会儿后问:"你知道钥匙掉在哪里吗?"

"知道啊,"她回答,"我把它掉在两公里外了。"

男人不解地问:"那为什么我们要在这里找?"

女人回答道:"因为这里我比较熟,而且灯也比较亮啊!"

很多人都以为要解决情感勒索的问题,只要从熟悉的行为中逐一爬梳,就能找到出路。于是,我们默认情感勒索者的控诉,承担他们的指责,不停地道歉,对他们言听计从。这里有一套固定逻辑——我们知道该如何回应,知道妥协能换得耳根清净。但如果我们一直坚持我们习惯的回应方式,我们就永远找不到终结情感勒索的关键——我们要找的钥匙其实在两公里外。在这一部分,我会告诉你能够坚定自身立场的非防御性方法,找出应对情感勒索的正确方式。

重要的是,你要从舒适、明亮的惯性应对区,移动到需要改变行为的非舒适区。现在,你已经了解了情感勒索的原因和方式,但如果知识无法变成方法,让你身体力行终结情感勒索的现状,它是毫无用处的。改变需要信息,但光搜集信息没有用,我们必须有所行动。为了改变,我们必须知道我们该做什么,并着手去做。然而有很多原因让我们在走到这一步的时候全力抗拒：我们害怕尝试后失败，担心行动非但无法改善关系中消极的部分，反而会破坏积极的部分，这样就不就得不偿失了？我们也许是生活中某个领域的强人，但常常以听来极具正当性的理由来抗拒改变，不愿作为。

所以，一直要等到焦虑、恐惧和不安有所减轻的时候，我们才愿意学习全新的行为模式。然而，情感勒索已经愈演愈烈。好消息是，如果你愿意采取行动，激发自己的自信和有能感，你可以终结情感勒索。坏消息是，你必须从恐惧中开始。

▷ 一步一步，终结噩梦

想有效地处理情感勒索，你必须学习一些与此前不同的回应方式以及沟通技巧。你不能再用过去的说话方式，而要换成另一种全新的回应与表达方式。你需要调整回应中的情绪，改变以往习惯性回应的方式，不要再走消极抵抗、接受压力并立刻投降的老路。

在本书第二部分，我要带你走过一段全新的旅程，让你一步步从现在的窘境，转变为能以全新的回应方式应对下一次情感勒索的状态。我会教你有力的非防御性沟通技巧，并通过想象情境、问题列表以及写作练习来引导你快速改变行为模式。

我们将沿着两条路前进：第一条是行为，你几乎可以立即开始运用这些方法。刚开始时，你会觉得自己的内心没有什么改变——因为当情感勒索者对你施压时，你还是有罪恶感，认为自己要负责，或者被恐惧包围。但随后，你会掌握如何更有效行动的技巧，而且一旦行为改变了，你们的关系也会随之产生变化。你看到的结果能够鼓舞你，让你更有勇气。

同时，我们要共同在情感上努力，这是一条较费时的路径。我们将改变你的内心世界，消除你的旧情绪键，治愈你的伤痛，纠正让你易屈服于情感勒索的错误观念。

也许从一个已有 25 年心理治疗经验的咨询师口中听到这些话，你会觉得有点奇怪，但其实以上大部分工作你都可以独立完成。如果你们的关系中存在虐待行为，或是你深陷严重抑郁、无法调节的焦虑、极端的自我厌恶或是严重缺乏自信等问题中，你可以从很多地方获取帮助，而本书可以作为一对一治疗、小组治疗或个人成长座谈会的辅助工具。然而，大部分案例中需要的，其实只有勇气和决心。

过去面对情感勒索时，你都在以一种惯性的、可预测的方式做出回应。你曾经与对方争论过，试图解释自己的立场，也曾主动或被动地做出反抗，只不过最后总是以你放弃告终。现在，是时候换一种方法了。你要以一种更具自尊、更有效而且更有力的技巧来回应对方。你要愿意不断使用这些技巧，直到能运用自如为止。在大量练习后，你就能终结一直困住自己的情感勒索。

在阅读后面这些章节之时，你可能会遇到情感勒索行为，让你有机会在实践中应用学到的新技巧。立刻把知识应用于实践吧！当你开始以一种更有自觉的方式回应情感勒索者的压力时，我保证，你的自我感觉会有极大的提升。

一旦你不再担心害怕，不再被恐惧感、责任感和罪恶感牵着鼻子走，你就会知道自己面前其实有很多不同的选择。你可以自主选择要跟谁走得更近，要为别人的生活负多少责任，还有你真正想把自己的时间、热情和能量用在哪里。

要对自己有耐心，而且要坚持下去。有些人可能觉得自己的自尊和自我完整性已被破坏殆尽，永远无法重新建立。但是，我希望你用"错置"而不是"消失"这个词来描述它们，以全新的行为模式来找回自我。让我们一起来做这项工作，寻回和重建被情感勒索损伤的内心世界以及你们双方的关系。我始终会支持你开展真正的行动，把情感勒索驱逐出你的生活。

第八章

课前准备

有个笑话说，有位游客在纽约街头拦住一个腋下挟着小提琴的男子，问他去卡内基音乐厅的路怎么走。"你想知道怎么去卡内基音乐厅？"小提琴家说，"练习，练习，不断地练习。"

我们都明白这些道理，也知道人生很多领域中练习与精通之间的关系。你可能还记得刚学骑自行车时摇摇晃晃的体验，还有练习打字之初敲键盘时笨拙的手指。

然而，当我们决定在生活上做些重大改变时，我们往往希望我们的行动有立竿见影的效果。但不容忽视的真相是，学习新技能需要练习，在能将新技能运用自如之前，你的确需要一段时间。就像新鞋需要走很久才会渐渐合脚，终结情感勒索的努力也是如此。如果你决定将自己从情感勒索中解放出来，很可能不会在第一天就看到什么成效，但成果很快就会显现出来。记住，一旦决定了，就要对自己负责，无论如何都要坚持下去。

第一步

在思考如何与情感勒索者相处之前，你必须先让自己做一些改变。从下一周开始，我希望你每天能空出一段私人时间，使用三项非常简单的工具：一份约定、一个有力的声明和一系列自我肯定的话。一天最多只花 15 分钟，在这段时间里，我希望你能把手机关机，杜绝受到任何干扰的可能，专注于你自己。有些人只在泡澡时、开车时或是坐在桌前吃午餐时才能享受独处，没关系，地点不重要，你可以在任何地方做这个工作。

我希望你做的第一件事，是与自己签下一份承诺的约定，为之后的步骤打好基础。在这个阶段，你可能非常怀疑自己是否有能力遵守这些承诺，特别是当你曾尝试摆脱情感勒索，却屡次失败时。但从现在起，你要把这些不快抛在脑后，用新认知和新技巧来展开以下一连串步骤。

这份约定是一件有力的工具，目的是将你改变的意愿转变为具体的形式，并帮助你明确自己的目标。

有些人认为将这份约定用笔写在纸上的效果最好。你也可以写在专门为摆脱情感勒索准备的笔记本的第一页。如果你愿意将自己的观察与情感记录下来，那也很好。

总之，无论你是打算把约定抄写下来，还是直接在本书所附的版本上签字，我都需要你在接下来的这个星期里，每天对自己大声地朗读它。

然后，练习说出一句有力的声明。也就是当情感勒索者对你造成压力时，可以让你巩固自己立场的简短句子。

有力的声明：我受得了。

这四个字或许看似平凡，但如果运用正确，却可以成为你对抗情感勒索最有力的武器。我们经常觉得自己无法承受勒索者的压力，这个声明可以有效抵制我们屈服的念头。

我和自己的约定

我 _____（姓名）是一个有选择权的成年人。我向自己承诺，要积极地将情感勒索赶出我的人际关系与生活。为了达成这个目标，我承诺以下内容：

我承诺，不再让恐惧感、责任感和罪恶感左右我的决定。

我承诺，要学习本书的策略，并在生活中实践。

我承诺，如果我退步、失败或重蹈覆辙，也不会拿任何失误作为逃避的借口。如果把失败当作一种学习方式，失败就不算是失败了。

我承诺，在将情感勒索赶出生活的过程中，要好好照顾自己。

我承诺，要认识到自己采取的正确步骤，不论它们有多微不足道。

承诺人：

日　期：

我们常常对自己说出这些话。

- 伤害他的感情，我受不了。
- 她对我说那些话，我受不了。
- 罪恶感让我受不了。
- 焦虑感让我受不了。
- 她一哭我就受不了。
- 他一发火我就受不了。

一旦你打心底相信自己真的受不了——不论是情感勒索者的眼泪、脸红脖子粗的怒吼还是强调你欠他们多少情的"温柔"提醒——你都只能听其摆布，别无他法。为了维持场面和平，你就得放弃自己原有的想法，跟勒索者妥协，同意他们的做法，被他们牵着鼻子走，这种想法无疑是伤害情感勒索受害者的基本陷阱。我们习惯将"我不能忍受"当成一种符咒，但事实上，这不过是自我洗脑罢了。即使你现在不相信我的说法，但你要相信，自己比想象中坚强多了。你受得了压力，而第一步就是要赶走那些告诉你你受不了的想法。

重复"我受得了"这句话，可以让这个新信息进入你的意识与潜意识。在这个星期里，每当你采取了什么抵抗情感勒索威胁的方法，却对勒索者的反应感到害怕、愤怒或胆怯时，停下来重复这句话。深呼吸，长吐气，对自己说"我受得了"，至少说10次。

我建议，练习时想象你正在与向你施压的勒索者面对面。你见过防暴警察用的那种透明盾牌吧？试着将"我受得了"这句话想象成这种盾牌，帮助你抵抗情感勒索者通过言语或姿态向你施加的压力，一定要大声说出来。一开始，你可能会感到有点害羞，也不太相信它的效果，但是请持续练习，这会帮助你建立自信。觉得这个过程有点机械化？的确。让你感觉有点不自在？可能。但是别忘了，你以前对待情感勒索者的方式完全没用，我向你保证，对自己说"我受得了"是有用的。

扭转轻易妥协的行为模式

现在，我要继续拓展这个"用新观念替代旧观念"的基本概念，帮你发展出一套进行自我肯定的话，让你能更平静、坚强，有勇气地采取行动。首先，我们来瞧瞧以下这些典型的描述，它们体现了受害者对勒索者的感受与采取的行动。这些句子中可能有很多甚至全部都符合你的情况，这并不是指你的全部人际交往，而是当你面对情感勒索时的情况。选出符合的句子。

当我们和情感勒索者交手时：

- 我会告诉自己，让他一次没什么大不了的。
- 我会告诉自己，如果让步可以让他闭嘴，那也很值了。
- 我会告诉自己，我的想法是错的。
- 我会告诉自己，不值得为这种事吵架。
- 我会告诉自己，就是现在妥协一下而已，之后我会强硬起来的。

- 我会告诉自己，让步总比伤害他的感情来得好。

- 我不会捍卫自己的立场。

- 我会把主动权让给对方。

- 我会取悦别人，却不清楚自己真正想要什么。

- 我会默许对方的行为。

- 我会牺牲我关心的人或事，来取悦情感勒索者。

这些情况听来都很没有说服力，对不对？不过你不用觉得尴尬，因为好几年前，我在与某些人交往中也经常会产生其中的某些想法，我们中的很多人都经历过这些。情感勒索的情形非常普遍，我们都会面临某些形式的情感勒索。现在，仔细分析你对你选择的句子的态度，并运用下表协助你精确描述这些行为导致的感觉。请在下表中选出符合你感受的字眼，并随时补充新的。

我向情感勒索者屈服时的感觉如何？

难为情	挫败	被牺牲
受伤害	麻木	烦躁不安
羞耻	难过	害怕
愤怒	无力	怨恨
软弱	自怜	受害
抑郁	无助	

即使你选了"愤怒"，我也不奇怪，因为自己不争气而愤怒是正常的，你甚至可能因为我提醒了你一种你极力想忘记的行为而生我的气。不过，这种不舒服的感觉，倒是可以让你知道自己的哪些方面需要引起注意。

现在，试着把描述你以往行为的句子改成相反的做法。例如：

- 把"我会告诉自己,我的想法是错的"改为"我要得到我想要的,即使会激怒情感勒索者也在所不惜"。

- 把"我会告诉自己,就是现在妥协一下而已,之后我会强硬起来的"改为"我会坚持我的立场,而且现在就会表达我的意见"。

- 把"我会取悦别人,却不清楚自己真正想要什么"改为"我和别人一样,做的事是为了让自己开心,我也很清楚我要的是什么"。

你也可以把自己的习惯性做法变成过去式,说"我过去曾经……,但我现在不会这么做了"。例如:"我过去告诉自己,我不该渴望某些东西,但现在我不这么想了。"

试试这两种方法,看哪一种最适合你。然后大声读出新的句子,就像在形容自己一样。虽然对现在的你来说,这些新句子并不符合事实,但是它能让你体会到摆脱受到恐惧感、责任感和罪恶感驱策的行为的感受。这两种方法能释放话语中蕴藏的力量,重新注入你身上。我的一些咨询者发现对着镜子说出这些新声明是最有效的,因为它会提供你一个用斩钉截铁的方式描述自己行为的机会。

试着猜想,你如果采取这种方式,会有什么感觉。请用下列词语帮助你描述自己的感觉。

坚强	骄傲	自信	无畏
情绪高昂	胜利感	兴奋	充满希望
自我肯定	有力量	有能力	

这些形容将有助于你想象出自己自信地与情感勒索者相处的景象。改变往往源于愿景,因此,在尝试努力达成目标之前,展开清晰的想象

是很重要的。接下来，我们才能继续前进，你可以用行动强化愿景，一步步迈向目标，并写下表达此愿景的声明："我受得了情感勒索的考验，我感到坚强、自信、骄傲和愉快。"

请你在这个星期里，每天都将这个单子过一遍，评估最近或过去和情感勒索者相处的情形，并随手记下你的几种感觉。你可能会注意到自己的感受在逐渐变化，使用以往措辞的机会越来越少，你会越来越容易想象自己对抗情感勒索者的情景。

经过一个星期的自我练习，你会变得更容易集中，这时就可以开始准备直接处理现实问题了。不论你多么着急开始，还是要留出充分的时间做这些练习。毕竟你有的是时间——情感勒索和情感勒索者会一直在那里等着你。

SOS 策略

在回应情感勒索者的需求之前，我首先要教你一个策略。这条策略很容易记：当你觉得快要被情感勒索的压力淹没时，要使用 SOS。

你无须懂得莫尔斯电码或旗语，只要在改变过程中，记得缩写为 SOS 的这三个简单的步骤：停下来（stop）、冷静观察（observe）和制定策略（strategize）。在本章，我们会先详述前两个步骤，并于下一章全面探讨你可以运用的工具与对策。千万别省略任一步骤——你的策略必须拥有稳固的基础。

步骤一：停下来

当我告诉帕蒂，对付情感勒索的首要工作就是"什么事都别做"时，她有些困惑。我的意思是，你不必立刻回应情感勒索者的任何要求。这听起来很简单，做起来却不太容易，特别是对方要求你给予答复还施加了压力时。因此，随时激励自己并做好心理准备，就变得很重要了。

也许你一开始会觉得很不习惯，试着告诉自己这没关系，不管多别扭，你都要坚持这样做。

到底要如何"什么事都别做"呢？首先，你最需要的是在远离压力的前提下给自己一段时间来思考。为了争取时间，你需要学会能让步调减速、多给你争取一些时间的话术。

不论情感勒索者的要求是什么，你可以先用下面几句话回应对方：

- 我现在不能给你任何答案，我需要一些时间思考。
- 这件事非同小可，我不能轻易下决定，让我想一想。
- 我不想现在就做决定。
- 我不太确定我对你的要求有什么看法，我们稍后再谈好吗？

一旦情感勒索者对你提出要求，你就可以使用拖延话术，如果他们要求你尽快回复，你还是可以用同样的话回应，以不变应万变。那么到底该拖多久？很明显，需要你付出越多或越复杂的事情，就越需要时间。你可以迅速决定要去哪儿度假、是否要买一台电脑，因为即使你的决定不怎么高明，你也不会有太大损失。但如果是人生中相当重要的决定，如婚姻、儿女、工作等，你就必须留出足够时间做充分的思考。

此外，当情感勒索者在一些无关紧要的事上不断对你施加压力时，为了和本书中介绍的方法保持一致，你也要告诉他们，你需要至少24小时来考虑。你可以利用这些时间下决定，并做好不让步的准备。

着急的是他们

情感勒索的不同之处，就是会让人觉得背后仿佛有个时钟在不断嘀嗒作响，催促我们。勒索者的要求被列在时间表上，到了某个特定的点，你就得立即回应。许多情感勒索者施加的压力源于"已经没有时间可以浪费了"的错觉，这与惊悚片或悬疑片中的紧张感是一样的。我们会被勒索者营造出的夸张剧情吸引，根本不会质疑这个念头的真实性。但如果你跳出当时的情境来看，你会发现大部分情况下，事情并没有勒索者想的那么紧急。

因此，当你一不留神踏入"没时间了，赶快决定"的陷阱，便立刻会感受到压力，几乎所有情感勒索都设置在这样的情境中。拖延话术能让你关掉嘀嗒的时钟，引导你从局外人的立场来观看事情的发展。电脑或汽车特卖或许到这个星期天就结束了，但总会有下一次；情感勒索者或许一定要在某个时间点前做完某件事，但你不需要。

你拥有情感勒索者想要的东西，因此，什么时候给，是你说了算。你使出拖延话术，是因为你想要多争取一些时间来好好考虑一下，这是每个讲理的人都会答应的。但有些勒索者甚至会用情感勒索的手法让你放弃拖延，而这也是帕蒂最担心的。

"你说的都没错，"当我们第一次练习拖延战术时，她说，"但是你不了解乔。只要我说需要时间想一想，他就会不高兴地说：'你明知道特卖会这个礼拜就结束了，我们没有那么多时间，你到底在犹豫什么？'"

"那你会怎么回答？"我问。

"我会试着说：'我不想现在就做决定。'但是我知道他一定听不进这种话，他会像个小孩一样逼问我：'那你要想多久？到底要想多久？'"

"这时你应该重复说：'该想多久，就想多久。'"我告诉她。情感勒索者可能会因为你要多花时间考虑而心怀怨恨，可能会以生气或其他方式对你施加压力。但反复向对方强调你需要时间，足够让对方明白你的认真态度。

换新舞步

拖延战术可能会让情感勒索者晕头转向或暴跳如雷，毕竟你改变了以往主动投降的做法，没有按照他预期的剧本演出。这就好比你们俩本来正在跳探戈，你却突然开始改跳华尔兹。对方可能会将你忽然变慢的舞步解读为抵抗或拒绝，而马上对你施压，因此结局常常是一团糟。而你如果说"我需要时间"，便可以打破双方原本的力量平衡，让情感勒索者想看看你接下来怎么做，他们因此转化为一种要根据别人的行为做出反应的角色，这大大削弱了他们的力量。

但是你也要有所准备，说不定情感勒索者会试图再度施压以夺回主导地位。他们必然想保持原来的模式，但你要坚持新的回应方式，不断在心中默念："我受得了。"

旧习惯的力量与情感勒索者制造迷雾的纯熟技巧，会让你对新的应对方法缺乏信心。施暴者不喜欢在人际关系中失去哪怕最轻微的控制力，这点在强烈抵制拖延话术的情感勒索者身上也是一样，因此，向他们澄清你的动机是很重要的。你可以这么说：

- 这不是一场权力斗争。
- 我并不打算控制你。
- 我只是需要多一点时间去思考你的要求。

如果对方还讲道理，这些就是考虑周到、令人安心的回答，而且对消除紧张气氛也有所帮助。

做了对的事，却感觉很糟

因为多要求一点时间、重申自己的立场并不是你习惯的行为方式，所以即使你做得对，却总是会觉得搞砸了什么，这其实也很正常。以下是佐伊的经验之谈。

你想知道发生了什么事吗？那实在太可怕了！泰丝硬要我额外给她一个大客户，因为公司合伙人一个星期后会来纽约，她想向他们展示一下自己。尤其是在戴尔面前，因为她认为他在考虑撤掉她目前这个职位。还有不到一星期他们就来了，因此她想现在就得到这个客户。她用尽了各种方法，比如说："如果你不答应我的话，我一定会被炒掉的。如果你不帮我，我真的不知道该怎么办了。我也不喜欢这样逼你，但我真的现在就需要你的帮助。"她的眼中还微微泛起泪光。

我照你的话做了。我说："我很抱歉，但我真的没办法马上做这样重大的决定。"而她随即回应说："可是你知道这对我来说有多重要吗？我真的需要你的帮忙。我们不是朋友吗？你不信任我吗？你应该知道我会做好这份工作，我会为了你把它做好。"

这时候我又心软了，我对自己说："老天！我必须帮她。这非常紧急。她说得没错，如果我现在不帮忙，她麻烦就大了。我必须做点什么。"我可以感觉到自己心跳开始加速，呼吸也急促了起来，我试着放慢呼吸，在心里对自己说了好几次"我受得了"。然后我说："我知道你希望我现在就做决定，但我真的需要时间想想看。我们明天再谈好吗？"

结果她很生气地瞪着我说："我以为我们除了上下级关系之外还是朋友，我还以为你会在乎一个朋友呢。"然后她就走出去了。我的心情糟透了，因为我觉得我让她失望了。我原以为这样做以后能好过些，但我却觉得非常痛苦。

"恭喜你，"我对佐伊说，"这表示你已经打破了以往的处理模式。"坏习惯会让人感觉舒服，这种舒适感是有诱惑性的，等你发现它们的不良后果，已经来不及了。拖延话术一开始或许不太容易，但只要你坚持下去，就会感到越来越简单。就像我对佐伊说的，在当前的阶段，你要做的不过是推迟下决定——你只是在计划表上把情感勒索者的要求往后排了，虽然这对他们而言不啻一声惊雷，但你知道你并没有做什么过分的举动。

但是，当你不断地使用这种拖延话术后，情感勒索者可能会越发沮丧，他们可能会使出下一招"快点给我，现在就要"。

学着忍受痛苦，是每个人在改善的过程中都必须经历的艰难任务。过去，这种痛苦通常意味着妥协不远了，但现在你要做出改变，你会经常感到心里不踏实或焦虑。这些反应都很正常，是找回自我完整性的必经之路。你不只会经历内在变化，还能感受到外在变化，因此我向你保证，感到动摇是一种自然的现象。

千万别让这些暂时的不适阻碍你改变的历程。

与不适对话

佐伊要求多一点时间考虑，却越发感觉不安。泰丝依然在催促佐伊，每次佐伊看到她，她都是一副要死要活的样子。而佐伊越仔细思考泰丝的要求，就越清楚自己绝不能屈服，这却让她的罪恶感日益加剧。

> 我觉得自己像是个冷血无情的罪犯，我对这件事的感觉越来越糟。我什么都没做，正因为这一点，我觉得自己快要被自责撕裂了。你确定这个方法真有用吗？

内心浮现的那股不安是我们改变进程中最大的阻碍之一，而我们通常也会将其视为一场火灾，必须及时扑灭，根本没学会忍耐它，而它其实只是改变带来的阵痛而已。我们会抗拒它，消灭它，不给它留任何空间，但这样做的同时，我们也清除了一些对我们的生活而言最有效的选择。我们中大部分人都不愿意深入审视这种不适感，只是盲目地对它做出反应，误读了它的含义，而没有停下来问问它究竟向我们传达了什么信息。

我告诉佐伊，寻求自我完整性的方式之一，便是正面迎击这些不安，并学着把它们当成自然存在的现象。一种做法是，与这些不安进行沟通，这需要我们将它们分离出来，一一审视。作为下一步，我要求佐伊在家里挑出一件东西来代表她心中的不安——可以是一件令她发痒的毛衣、一张不太好看的照片或是一双太紧的鞋子。我们将通过这件东西来认识那些令她恐惧的感受。

结果佐伊带来了一双不好看而且一直不合脚的高跟鞋，放在她面前的空椅子上。她要把这双鞋当成那些让她不舒服的感觉，像面对一个人那样对这双鞋说话。之后，她还要扮演那些感觉，让它们"对她说话"。

佐伊以前从来没做过这种事，所以她有点迟疑和尴尬，这是可以理解的。但是我告诉她，这种方法能帮助她深刻地认识这个掌控着她的心魔。你也可以试着这样做一下，要自由地宣泄自己的感受，面对你的压力，阐述你对它们的真正的感受，还可以向它们提问。

佐伊做了一些热身，以下是她说的一些话。

> 不安，你以为你很受欢迎吗？你总是阴魂不散，我真是受够你了。我以前让你占了上风，但是你给我记着，从现在开始，你的好日子结束了。我原以为你比较强，也许你确实懂得比我多，但是我直视你的时候，却发现你小得可怜，你就是个给我惹了一堆麻烦的丑八怪。事实上，当你控制了我，我就成了一个软脚虾、一个懦夫，连我自己都不认识自己了。但是我真的受够你了。你说说，我还有什么理由不把你踢出去？

我问佐伊做完这件事后有什么感觉。

> 刚开始我觉得自己很蠢，但是当我抓到要领后，我才发现过去

这些不安对我的影响真的很大。它们不过是我内心的一部分而已，我却好像在面对一头两百多公斤重的大猩猩。它们就像这双不合脚的鞋一样，与我的生活格格不入，我以前却以为自己可以忍受下去。

下一个练习中，佐伊坐在我对面，抱着那双鞋。她要扮演自己的那些不安，对自己刚才的那番话做出回应。

你想赶我走？这真是个天大的笑话。告诉你，我喜欢待在你这儿，不会轻易离开这里的。毕竟这里还挺不错的——我只要使出些雕虫小技，你就会乖乖就范了。

通过这种练习，佐伊开始以崭新的眼光看待自己的消极情绪，她曾经以为自己无力抵抗它们的控制，但又因为它们而感到无比痛苦。不过我告诉她，这种新认识无法在一夜之间改变什么。虽然现在佐伊可以在过去滥好人和频频妥协的行为模式中找出一些关键点，但她的不安感并不会轻易消失。她现在仍然要一边忍受不适一边坚持改变行为模式。与此同时，她会持续发现，到底是什么在她面对情感勒索时催生了她的不安，并学会要把不安感看作一种情境中的一个要素，而不是总觉得它难以忍受。

我希望你也能试试这样的练习。你可以试着对某样物体说话，如果你更喜欢写信，也可以把感想写给你的不安，并以它的口吻回信。有些人还喜欢编写一段对话，先向不安发话，然后对它提出问题，接着让它回答。

尽管你的用词和发现可能会跟佐伊的大相径庭，但我相信你一定会获得有价值的信息。这项练习的要点是要你将不安释放出来，正视这股感受，并学习控制它的方法。当你勇于面对它的存在时，就会发现它的力量已经迅速萎缩，威胁性也变小了，比你刻意逃避时容易应付多了。

让事情单纯化

如果你身陷两个人的冲突中，或是有第三方想对你施行情感勒索的手段以帮他人获得利益，不妨试试另一种"什么都不做"的策略：抽身走人。

对夹在母亲与女儿之间的凯伦来说，抽身走人是处理三个女人冲突的契机。

当我妈妈说"如果梅兰妮来的话，我就要取消派对"时，我可以用你教的那招拖延技巧，告诉她，我现在无法做决定，待会儿再回电话给她。然后怎么办？

我说："你可以打电话告诉你母亲，你的决定就是不做任何决定，那是你母亲和你女儿之间的事。你也知道想拉架的和事佬会有什么下场——一定会挨揍的。所以你必须赶快抽身，请你母亲自己去告诉梅兰妮，要她别出现在派对上，你是不会帮这个忙的，反正你还有很多时间可以取消这个派对。看看结果会如何。"

如预期一样，凯伦的母亲弗朗西丝不断咒骂、抱怨，强迫凯伦像她希望中那样替她做这项不讨好的工作。但是，她发现凯伦毫无反应，于是只好自己拨电话给梅兰妮，告诉她自己对她多生气。然而意外的是，这通电话却让这对祖孙开始诚恳地沟通，将彼此间的纠葛一扫而空，而成就了一段更为坦率的关系。同时，这也对凯伦与弗朗西丝的关系造成了正面影响，因为弗朗西丝看到了凯伦不在压力下屈服的表现。这一切都是因为凯伦"什么都没有做"。

因此，当你卷入了周围两位朋友或家人的争端中，让自己远离暴风圈的最基本的方法，就是不为任何一方传话或是充当调停者。这很重要，因为如果你无法抽身，两个人针对彼此的消极情绪一定会倾倒在你身上，最后什么也没有得到解决。

在玛丽亚的情况中，她的公婆就插手了二人的关系，不断按下玛丽亚的责任情绪键，让她不要离开他们的儿子。但是玛丽亚已经告诉杰，她需要时间好好思考这个问题，所以尽管杰要玛丽亚尽快下决定，她仍不为所动。然而，她公婆的加入却让事情更难以解决。

> 我知道这对他们伤害很大，他们不该受到这种待遇的。他们人很好，也没做错什么事。但我知道，假如我跟杰离婚，他们一定很不好受。我婆婆几乎每天都打电话给我，说我如果能和杰重修旧好的话，他们会有多高兴。

我告诉玛丽亚，她也该学着如何"什么都不做"，不要在乎婆婆的电话轰炸，也不用跟不支持她的局外人一直讨论这个问题。以下是我给玛丽亚的建议，希望可以帮她摆脱来自第三者的压力，你也可以参考一下。

玛丽亚的婆婆："弗雷德和我都快受不了了，我们不知道你们现在到底怎么了，也不知道以后会怎样。我们很担心你俩和孩子们，你们要多久才会做决定？"

玛丽亚："妈，我还没决定。"

玛丽亚的婆婆："那你到底还要等多久？"

玛丽亚："妈，这事急不得，等到时候自然会有结果。我们谈谈别的吧！"

你只要回答你还没决定，时候到了自然会有结果，然后就换个话题。别人会问我们很多问题，而我们也觉得自己好像得马上回答，但其实根本不用这样。回答"我不知道"没什么不对，"我做了决定就告诉你"也不错。如果压力仍然存在，也可以试试转移话题的方法。即使给你压力的人并不是情感勒索者本人，甚至是某个你喜欢并尊敬的人，你还是要遵从自己的计划，千万别急着做出决定，尤其是重大决定。

留点空间

多争取一点时间的做法，可以让你仔细思考自己的想法、感受和事情的优先级。你要把拖延话术当成自己的保险绳。也许重复说"我还没决定"会让你觉得自己像个破唱片，但你要坚持这样做，让这些话发挥效果。

然而，如果你在说过这些话之后还是感到焦虑和压力，非常想做些什么来缓解不适感，试试"走开"这招。我不是要你一声不吭地转身一走了之，而是要你找些借口离开现场，去别的房间静一静。你可以说"我得喝杯水"或是"我要去洗手间，马上就回来"。如果你真的感到很焦虑，就说"我要喝杯水，还要上个厕所"。

你可以在家里、餐厅、办公室和飞机上用这个方法。事实上，这个方法到哪里都可以用。一旦你和情感勒索者之间有了一段距离，就算只是一两个房间，都可以让你不用那么急着做出决定，并借此与勒索者保持一些情绪距离。

所谓的情绪距离是指平复激动，让你的感觉冷却一下。当你面对情感勒索的威胁时，你的感受或许会强烈到让你无法思考、论证、判断或分析自己到底有哪些选择。这时，遭受情感勒索的反应完全写在你脸上：激动、充满压力、斤斤计较，会让你陷入狂躁。多种情绪杂乱的大合唱让人很难承受。你此刻的反应是很情绪化的，你需要更知性、更能就事论事的态度。给自己几分钟平静一下会有很好的效果，重复"我受得了"这句话，给自己多一点的时间思考。

步骤二：冷静观察

你一旦从情感勒索的戏码中抽身，就到了搜集信息以决定如何回应情感勒索者的时候了。你必须化身为一位旁观者，在观察自己及对方之后，做出你的决定。

可视化

为了让你达成以上目标，我要你做一做以下的可视化练习：想象有一座 50 层高的观景塔，它的电梯停在一楼。接着你进入这座电梯，但是当电梯开始上升后，因为雾气弥漫，你很难看清脚下的景象。这层雾有时会散开一些，让你可以看到一些人和物体的大概轮廓，但都不太清楚，若隐若现。这个阶段属于"情绪阶段"，也就是情感勒索者会调动起我们情绪的阶段。

电梯继续上行，你脱离了雾气笼罩的范围，有了更宽广的视野。到达顶楼之后，你更可以鸟瞰周边地区，会发现刚才的浓雾仅仅笼罩了塔底。原先让你感觉范围广大的浓雾，其实只控制了一个小区域罢了。这座电梯这时已经进入了不同的境界，那是一个依赖理智、观察力以及客观条件做判断的新领域。现在，你可以踏出这座电梯，享受观景台上的宁静气氛和清晰视野。请记住，你无论何时都可以到达这里。

当你处于情感勒索者的压力之下，是很容易屈服于恐惧感、责任感与罪恶感的，在这种情况下，我们的思考是破碎而扭曲的，因此，上面这种从本能反应到理智思考的方法很有效。我并不是要求你完全不顾自己的感受，而是要你在这种混乱的感情中加点观察力和理智，以免被感觉牵着鼻子走。理智与感情对我们而言都具有丰富的信息，我们应该学会让二者取得平衡的方法。我们的目标是感受和思考可以同时进行，而不是只让情绪左右你的决定。因此，当情感勒索升起雾气时，你需要登上这座观察力的高塔。

发掘现状的本质

花点时间，一个人思考一下情感勒索者的要求，让自己化身成一位旁观者。虽然你的感受不会消失，但你此时需要把注意力从它们身上转移开，理性地审视一番现状。试着问问自己：到底发生了什么事？把下面几个问题的答案写下来是个好主意，从头脑中提取信息并写在纸上，有助于你从情绪上远离勒索者。你也可以完全在脑中进行这个过程。不管是用哪种方法，这些问题都能帮助你认清现状。

首先，冷静一下，看看情感勒索者的要求。

一、对方到底想要什么？

二、对方是怎样提出这种要求的？是含有爱意、语带威胁还是很不耐烦？描述一下当时的状况。

三、如果你并没有马上妥协，情感勒索者有什么反应？想想他们的脸部表情、语调和肢体语言，尽量描述仔细。情感勒索者的眼神看来如何？他们的手和手臂放在哪里？跟你说话时他们站在哪里？有没有使用什么手势？语调听起来如何？整体的情绪看来怎么样？尽量把你想到的都写下来。

以下是帕蒂描述的乔的样子。

他看来很消沉、很沮丧，甚至有些气愤。他的姿势和肢体语言都表现出他有多难过和失望。他抱着胳膊，看都不看我，频频叹气，拉着毛衣上的绒，说话时语带抱怨。然后他起身走开，甩上卧室的门，打开了房间内的收音机。

接下来，让我们想想自己对勒索者要求的反应。

一、你怎么想？

写下你脑中的想法，尤其是那些不断浮现的念头，我们可以由此看出你多年来形成的信念。情感勒索受害者的一些常见观念如下。

- 我付出的比得到的多一点也没关系。

- 如果我爱他们，就要让他们幸福。

- 善良、体贴的人就该让别人感到幸福。

- 如果我做了自己想做的事，对方一定会觉得我很自私。

- 我觉得遭到拒绝是最惨的一件事。

- 如果没人能解决这个问题，那就得由我来负责。

- 我从没争赢过这个人。

- 对方比我聪明、强大。

- 这样做又不会要我的命，况且他们真的很需要我。

- 他们的需求和感受比我的重要得多。

　　以上哪些句子符合你的陈述？最让你感到共鸣的是哪些？不妨问问自己：我是在哪里总结出这种观点的？我相信这种观点有多久了？

　　以上看法其实没有一个是对的，但我们却对此深信不疑，因为几十年来我们都是这样被教导的。就像我之前提到的，我们认为是自己"选择"了某些信念，但事实上是，在生活的很多阶段，都有一些影响深刻的人向我们灌输这些概念——如父母、老师、导师或密友等。因此，在情感勒索发生之前，我们有必要先确立自己对自己的信念，因为你的所有感受都建立在信念之上，它们也是你应对情感勒索时的武器。

　　感觉并不像我们以为的那样短暂而独立，它是对我们脑中所想的反应。我们因为情感勒索而产生的所有忧虑、难过、恐惧或罪恶感，都是因为我们对自己的能力、受到欢迎程度以及责任感有着负面或不正确的认知，这些认知是我们情绪的源头。我们通常会为抚平这些观念引发的令我们不适的情绪而做出行动。因此，为了改变这种自我贬抑的行为模式，我们得从根本着手——从我们的信念开始。

　　当伊芙因为艾略特不高兴而放弃课业时，她抱持的信念是"他的感受比我自己的更重要"。先出现的是这种信念：对方比我重要，我想要的东西根本微不足道。而这种信念衍生出了罪恶感、责任感以及同情，所以伊芙最后采取的行动就是放弃课业。

我们的情绪深受脑部的化学反应以及周围发生的事件影响，这两种影响差不多大。但是，有许多因为脑内生化反应失衡而患有长期抑郁或焦虑障碍的人，能用自我贬低式的信念让情况不断恶化。发掘出你最深层的信念，将帮助你明确自己感受的来源。一旦了解这层关系，你就会知道这些信念和感觉是如何造成一味向他人妥协与屈服的行为模式了。

二、你的感受如何？

再次回想你和情感勒索者交手的过程，你有什么感受？尽可能多地写下你的感觉，可以参考下列描述感受的词语。

气愤	受到威胁	受到伤害	有罪恶感
恼火	不安全感	挫败感	失望透顶
错误	力不从心	在劫难逃	恐惧万分
焦虑	不被爱	怨恨	不知所措
无力脱身	无法抵抗		

这张表是在评估你的情绪，方法虽然简单，却是一种重要的诊断工具。记住，一种感受是一种情绪状态，可以用一个或最多两个词表达出来。你在说出"我觉得"的时候，就是在描述自己认为或相信的事实。因为我们要试着分辨信念与感受之间的不同，这一点需要清楚。

例如，"我觉得我丈夫总能赢"是一种想法。至于感觉的部分，你可能会这样说："我相信我丈夫总能赢，这让我觉得很沮丧。"

现在看看你的身体反应。

当你看着这张表时，哪些情绪会激起你生理上的反应？害你的胃部翻腾不已？脖子像抽筋了一样？后背紧绷？脸颊发烫？请注意你的身体对这些情绪的反应。

有时候，我们的身体会向我们传达连我们的大脑都意识不到的真相。我们嘴上说自己一点都不感到焦虑，却汗如雨下。我们说一切都没问题，胃却会紧张地打结。我们的生理反应不会进行否认和合理化，只会老老实实透露出最真实的感受。要记住，你每次发现自己的愤怒和怨恨情绪，就意味着你可能在被迫答应一项不符合你自身利益的要求。

三、你的引爆点是什么？

情感勒索者使用的字眼及肢体动作，会通过各种方式在我们心中激起特别的回响，因此了解我们各自的引爆点很重要。面部表情、语调、手势、姿势、字眼甚至味道，都可能启动我们内心的信念与感觉系统，而让我们对这些要求做出让步。这些要素直接通往我们的情绪键，我们需要对它们有更深的了解，才有可能脱离它们的控制。

仔细观察自己，并想想过去遭遇过的情感勒索经验，列出哪些行为最能逼你就范。

以下是我观察到的一些方式。

- 大吼大叫
- 用力甩门
- 使用一些会让我们自我感觉糟糕的特定字眼（如"自私"）
- 哭哭啼啼
- 唉声叹气
- 气愤的表情，如脸红脖子粗、皱眉头、怒视等
- 拒绝沟通

然后，把这些行为与你的感觉连在一起："当情感勒索者 ＿＿＿，我就感觉 ＿＿＿。"

当我让乔什把他父亲的表现和他的特殊反应联系起来时，他发现父亲的表情，而不是言语，会提升他的焦虑感。

"我列好表了。我发现只要父亲脸一红，根本不用说话，我就快吓死了。我找遍了所有的形容词，想要找到一个比'恐惧万分'好听一点的词，但发现还是它最能描述我的心情。恐惧对我来说，就意味着要么反抗，或是逃跑——我只会依靠自己的生物本能反应。"

你在观察时，最重要的就是尽量对自己坦诚。不要去评判感觉的好坏，也不要去评定它的用处，或是判断自己是否有权利产生这种感受。

我发现，以下句子能帮助观察顺利进行。

- 我发现了很有趣的一点……
- 我开始注意到……
- 我之前都没发现……
- 我现在渐渐发现……

当乔什用以上方式来描述自我观察的结果后，他发现自己的防卫心态和焦虑感减轻了不少。"我发现了很有趣的一点，当我看到父亲开始脸红时，我就会感到非常害怕。"比起"父亲脸一红，我就快吓死了"，前者是个更深思熟虑也更客观的说法。这种客观的态度将有助于你保持理性，并脱离自我批评的深渊。"当我对自己说'我发现了很有趣的一点'时，我便觉得自己不再像个小孩或是懦夫了。"乔什说。

"我发现了很有趣的一点"的说法告诉乔什，接下来呈现的是客观的观察结果，并让他能和心中那位习惯批评自己的反应、给自己贴标签的裁判保持一些距离。

在你能真正将自己的信念、感受和行为联系起来以前，要不懈地观察下去。情感勒索者已经让我们从理性思考和本能反应的角度在这三方面建立起了联系，他们正是利用这些联系控制了我们。但是，从现在开始，你将升级战场，开始获得那些你原本无法到手的"内部消息"。接下来，我会向你介绍一些方法，让你能将所有准备工作和知识转化为有效的行为策略，对你与情感勒索者相处的既定模式进行一次彻底的改变。

第九章 ▶ **做决定的时刻**

过去，我们总会自动向别人急欲得到满足的需求和欲望妥协——这几乎是面对压力时的一种条件反射。但是现在，你已经为自己争取到了一点时间，可以好好考虑自己到底要什么了。虽然我不能替你做决定，但是我可以帮你提出一些直指本质的问题，让你能站在客观的立场上审视别人对你的要求，并仔细思考自己是要同意还是拒绝。你完成这步后，我还会告诉你一些方法，让你在向情感勒索者传达最终决定并处理他们的反应时，能更加得心应手。

三种类型的要求

首先，让我们先回到别人对你提出的要求上。请你回答一些问题，并把答案写下来。在写答案的时候，不要评判自己，也不要觉得它们有多大影响。如果你改变心意或是有了新想法，也可以回头删改、添加或做些详细的说明。

- 对方提出的这个要求，哪一部分让我觉得不舒服？
- 这个要求的哪些部分我可以接受？哪些不能？
- 对方的要求会伤害我吗？
- 这个要求会伤害别人吗？
- 对方所提出的要求，有考虑过我的需求和感受吗？
- 是这个要求本身或表现方式让我感到恐惧、责无旁贷或心中有愧吗？到底是什么让我有了这种感觉？

●这个要求对我来说意味着什么？

你可能会注意到，如果你仔细审视对方所提出的要求，你会发现其实除了一两个小部分外，大部分都是可以接受的。例如，你的丈夫强迫你跟着他大老远地去探访他的家人，虽然你很愿意去，但现在你的工作正忙得不可开交，他挑这个时候提出要求就会让你很不高兴。这个信息在你准备回应时就很重要了。

当你对这个要求是否会伤害你或其他人的问题做了肯定回答，你可能就会感到警觉了。这时，你体内的"自我完整性气压计"已经在警告你，有什么不好的事要发生了。

在审视你的回答时，你会发现大部分要求其实无外乎以下三种形态。

一、这个要求无关紧要。

二、这个要求不但牵扯到一些重要问题，而且已经影响到你的自我完整性了。

三、这个要求关系到一个重大的人生决定，一旦让步，将对你或别人造成伤害。

每种不同的要求，自然需要不同的决定与回应方式。因此在接下来的部分，我将告诉你每种情况下的不同应对方式。

无关紧要的要求

我们在日常生活中，总会做出各种无关紧要的决定，比如在买什么或是要不要花这个钱的问题上摇摆，思考到哪里去度假，花多少时间跟某人相处，如何在事业、家庭与朋友间取得平衡，等等。这些决定不会关系我们的生死，而且就算我们会发生分歧，通常也不至于大动肝火。不管怎样，都不会有人受到严重的伤害，导致摩擦产生的首要因素很可能是情感勒索者的施压方式，而不是要求本身。也正因为如此，有些人一遇到这些问题就会自动让步，他们认为这些要求真的只是小意思，没什么大不了的。

但是请注意，在与情感勒索者交手的过程中，我希望你不要有任何"自动"的行为模式。无论事情有多微不足道，请你先审视对方提出的要求，尤其是要求的呈现方式。明确其中到底是什么给了你负面的感受，并将这个要求放在你们之间关系的大背景下分析。

审视过程

经常被母亲埃伦拿去跟其他人消极比较的股票经纪人蕾表示，她最近工作遇到了瓶颈，而埃伦正缠着她，让她过几天跟她一起吃饭。一想到这件事，她就头疼。我要她分析一下这个要求。

"哦，不会吧！"她说，"这太夸张了，我只是太累了，毕竟吃顿晚饭又没什么大不了的，又不会害死我。"

"说一下吧，"我告诉她，"或许我们会有什么新发现。"

"好吧，"她不太情愿地答应了，"我简单讲一下。陪妈妈一起出去吃晚饭这件事唯一让我感到困扰的是，只要我一说自己很累，她就会说，卡洛琳都会花时间陪她。我当然愿意跟她一起外出用餐。她这个要求会对任何人造成伤害？当然不可能了。妈妈关心我的感受吗？我并不这么认为，但这只是一顿晚餐而已，我干吗要为这个斤斤计较？她让我觉得害怕吗？不会。我会觉得自己要负起责任吗？有一点。有罪恶感吗？也有一点。但这又怎么样？我还是会跟她一起外出，而且我会很高兴自己这么做了——不管你相不相信，我们很喜欢在一起。这个要求对我来说意味着什么？我会让她觉得快乐，她快乐了，我也会感觉很好。"

我问她，回答这些问题让她的身体有什么感觉？

"我觉得脖子和下巴有点紧绷。"她说。她在之前做过的观察工作中发现，这是愠怒给她带来的压力的表现，一个需要关注的细节。

跟前面第五章提到的那些反应过度的情感勒索者相比，很多受害者的问题恰恰是喜欢大事化小，他们常常极力压制自己的负面感受，否认自己感到困扰，还用理智说服自己没有理由去拒绝别人的要求。

我向蕾建议，她在审视母亲提出的要求的同时，也可以利用几个问题来明确自己习以为常的回应模式。这不是说要把你生活中的全部交往都检查一遍，我们没必要过度分析每件事，也不是说与人交往时不能有任何自动的成分，而是说，如果你在某段关系中感受到了不适和情绪虐待，你需要用更具批判性的视角单独审视这段关系。如果你认为自己也有大事化小的倾向，我建议你问自己下列这些问题。

- 我们之间有固定的相处模式吗？
- 我习惯说"这没什么""没问题""我随便"或是"我不在乎"这类话吗？
- 如果事情决定权都在我，我会怎么做？
- 我的生理反应是否传递了与我的大脑思考不同的信息？（例如，你心里想："不过是场电影，即使我不喜欢看，我还是会去。"但你的胃却开始泛酸了。）

如果对以上问题，你的答案都是肯定的话，现在就到了你表达自己真正看法的时候。你可能决定答应对方，但你应该分辨出这个要求中让你感到不适的一些要素，并坚定地告诉对方。给自己机会说出"我拒绝"或"我不想"，不用多解释什么。不要质疑自己向无关紧要的小要求说"不"的权利。一旦我们能在小事上坚守立场，你就有机会掌握拒绝的技巧，抵抗更严重的情感勒索。

要记住，有时一个要求中最令人反感的要素是提出要求的态度。蕾的情况就是这样。

> 我并不抗拒和妈妈一起出门，但让我生气的是她让我答应的方式。我讨厌被拿来跟卡洛琳比，我希望她别再这么做了。

情感勒索者施加在我们身上的压力会让我们觉得心烦意乱、被侮辱和瞧不起，因此我们不能因为面对的这些事无关紧要，或我们本来就不打算拒绝，从而低估或忽视它们。就拿蕾的例子来说，她应该让母亲注意到自己有多反感这种消极比较。没错，蕾可以带母亲出去吃晚餐，这一点不成问题，但问题是，她得告诉母亲，不要再用情感勒索的手段获得她的陪伴。

有意识的让步

如果你能通过观察和了解自己的想法、感受和意愿来叫停自动反应机制，在仔细思考过对方的要求后自主选择做出理性的让步，你才算做出了"有意识的让步"。如果运用得当，有意识的让步会是达成你所希望的结果的最佳方式。但是，你一定得经过一段细致的自我反省过程，才能达成这样的目标。这个过程将遵循我前面提过的 SOS 三大步骤：停下来、冷静观察和制定策略。

在以下情况中，有意识的让步会是一个好选择。

- 在审视对方的要求之后，你发现这个要求没有任何负面影响。也许对方是以抱怨或沮丧的态度提出来的，但这些附加行为都不是习惯性的，你们双方也并不处于长期的情感勒索模式中。对方的要求也许让你觉得无聊，但对他人没有危害。

这时你可以答应他的要求，把这种妥协当成维护良好关系的必要付出，因为你此刻表现了慷慨，日后对方很可能会还你人情。

- 在审视对方的要求之后，你发现，只要情感勒索者能与你公平交易，答应这个要求就不会产生负面影响。这次你可以让步，不过情感勒索者答应下次把决定权让给你。比方说，假如今年是我选择度假地点，那明年就换你选。我并不是在建议你跟朋友、同事或是你关心的人谈交换条件："我让你两次，你只还我一次，所以你还欠我一次！"但是，你要回想一下最近你和其他人的交往，再看看和这个人接触时，是不是你让步的情况比较多？如果真是如此，那么权力的不平衡已经开始出现。在这种情况愈演愈烈之前，你得揭露这个问题。

- 在审视对方的要求之后，你发现即使答应了也不会伤害到任何人，但仅限于其中的某些部分。这时候，这种情况便涉及讨价还价——你只答应部分要求，然后作为交换条件，你可以要求情感勒索者删去那些让你感到困扰的要素。

- 在审视对方的要求之后，你认为这次可以答应对方——这是一个策略。你知道自己答应这个要求的原因，而且针对如何改变你不接受的部分，你也做了计划。

在以上四种情况中，前两者比较明显：在观察整个情况后，你认为答应要求也没什么不可以，你可以接受。这其中没有不快，没有淤积的负面情绪，没有隐藏动机，没有权利不平衡，也没有冲突。如果你承诺让步——这次是你，下次就换对方——那是因为你相信对方会尊重这项游戏规则。

至于后两者的情况则较为复杂，我们需要深入探讨。

有条件的应允

当蕾考虑如何减少和母亲吃饭带来的压力时，她才发现自己除了跟母亲吃顿晚餐并花上整个晚上陪她之外，根本没有考虑过其他选择。

我问蕾，如果她老实地告诉母亲可以跟她出去吃饭，但饭后要早点回家，后果会有多严重？

"我真的可以这样做吗？"蕾问。

"当然可以，"我回答，"你只要告诉她，你这个礼拜真的忙坏了，因此，虽然你很愿意跟她一起吃晚餐，但没法陪她整个晚上。接着是更重要的，你必须这样说：'妈，以后我如果再拒绝任何事，请你别再拿我跟卡洛琳比较了。这种比较很伤人，而且让我一肚子气，让我不太愿意陪你了。我现在正式跟你说明，只要你再这样做，我一定会马上制止你。一言为定，好吗？'"

解决方案就是这么简单，但蕾却从未发现。与情感勒索者沟通时，他们制造的迷雾往往让我们对清晰可见的解决方法视而不见，所以我们一定得慢慢来，并用心观察。你此前一直习惯于对情感勒索者的要求做出让步，看不到让步以外的广阔天地，而这种方式能让你有新发现。如果在回应情感勒索者的要求之前，你能对自己的决定有更透彻的了解，你便会发现，所谓"双赢的妥协"是存在的。

可能影响自我完整性的要求

当我们仔细审视对方向我们所提出的要求时，不难发现要答应还真是一件大事。虽然答应要求未必会造成大麻烦，却有可能违背我们的行事标准、是非观念甚至影响我们的自尊。这时，即使大脑还未能做出判断，但我们心中的不适感却已经升高，让我们感到不太自在。毕竟有些要求是我们不愿意答应的，我们知道自己无法在这件事上妥协。

和大部分人一样，佐伊也很擅长理性分析自己拒绝别人的理由，以及心里不痛快的原因。但是，当她仔细思考泰丝所提出的要求时，她才发现之前以为的原因根本站不住脚。

　　虽然她说自己做得到，但我知道她根本没能力担当大任。然而站在朋友以及上司的立场上，我又想给她一次机会——这就让我进退两难了。一方面我不想让她失望，显得我很冷酷，但我又不放心把这个大客户交给她，毕竟这可是公司非常重要的客户。我本来以为这是因为我可能有点完美主义者的倾向，但其实我的底线是，这种事根本没有新手插手的余地。我的判断标准是一个做法会不会伤害到任何人。如果我们不能满足这个新客户的需求，受伤害最严重的会是我，也会让其他人遭殃。

　　在评估情感勒索者的要求时，即使是像"答应的话，会伤害我或其他人吗"这样一个简单的问题，都能帮助你认清勒索者对当下情况目光短浅的解读。因此，佐伊明白了，她无法在违背个人职业道德的情况下答应泰丝的请求，她必须声明自己的立场。

金钱并非万能

　　珍几乎要被姐姐提出的丰厚条件说动了。只要她给卡罗尔一千美元，卡罗尔就会跟她交换她梦寐以求的家庭温暖。

　　如果我借她这笔钱就能让我们恢复以往的亲密，我觉得是很值得的。虽然我跟卡罗尔以前有过很多不愉快的事，所以我不一定能够如愿，但也许她已经变了，说不定这次真的可以改善我们的关系。况且我还能帮到她的孩子，反正我最多只会付出一千美元的代价，这不算什么。

对珍来说，一千美元其实不是个小数目，但就算有去无回，也不至于让她破产。然而，她真正的损失其实是自我完整性。"我现在就得做出决定，别跟我谈什么自我完整性。"她大叫道，"卡罗尔都说他们就要流落街头了。不是我不信任你，但现在的情况跟自我完整性没什么关系。"

"我知道在压力下，你会有这种想法。"我告诉珍。"但是按我说的做，请你先耐心回答一些问题，再看看你现在的情况跟自我完整性是不是真的无关。"

为了帮珍明确一个模糊的自我完整性概念与"帮助卡罗尔脱离困境"的决定间的关系，我请珍回答以下的问题。同样，当你对某人的要求有些疑虑，但又说不出是哪里不对劲，或是想评估应允这项要求需付出的真正代价时。这些问题对你将很有帮助。

如果我答应了某人的要求：

- 我是否仍然能坚持自己的原则？
- 我是否会让恐惧控制我的生活？
- 我会正面迎击伤害过我的人吗？
- 我能做我自己吗？我是不是会对别人唯命是从？
- 我能否继续遵守对自己的承诺？
- 我能保持身体和心理上的健康吗？
- 我是否出卖了别人？
- 我说实话了吗？

你也许注意到，以上这些问题都与所谓的自我完整性有关。一旦我们没有对自己说实话，这些问题便能让我们知道哪里出了问题，问题是否严重。珍就发现了几个值得深思的问题。

"我会正面迎击伤害过我的人吗"这个问题对我来说有如一记

当头棒喝。卡罗尔过去的确对我造成很严重的伤害，她伤害过很多人，但从来没有人告诉过她。而我仍然能遵守对自己的承诺吗？事实上，在我们上次关于钱的严重冲突之后，我曾发誓再也不会受她摆布了。只要一谈到钱，她就一点都不值得信任。最后，最严重的问题就是：我说实话了吗？对我来说，卡罗尔一直都没变，我们家也一直是那样。因此我不可能挥舞魔杖变出一张支票，然后把大家变得和乐融融。我是否出卖了别人？是的，我出卖了自己。

珍沉默了几分钟，然后她问：

我到底是怎么把这些事情轻松丢开，假装一切都没发生过的？比起愿意让一千块在卡罗尔身上打水漂，还是这一点更让我难过。

当有人向你借钱，问题就来了。你不仅要考虑自己是否有这个钱，还要考虑对方值不值得信任。但如果双方是亲密的家人或朋友，钱的意义就不一样了，它还会代表爱、信任、能力以及谁输谁赢。比如说，当朋友或亲戚中存在成就和经济条件的差异，彼此间就会产生妒忌和怨憎，破坏原本的关系。一个家族中的成员尤其容易因为金钱纷争而落入刻板的角色印象，成为救人于水火者、家族英雄或不负责任的孩子。

珍发现，自己的家庭就是这样的。现在，她可以借助一种崭新的知识和意识来做出决定。这次，她决定拒绝卡罗尔的要求，因为她知道，假如屈服于卡罗尔的情感勒索，就等于想用钱去买一个根本不存在的东西。再者，她也会纵容卡罗尔继续他们家一贯铺张浪费的习惯。（我提醒她，这类的情感勒索状况并非单一事件，有一次就会有第二次。）最重要的是，这会让她否认自己好不容易学会的教训，而且让她打破对自己的承诺，把自尊丢到一旁。这一切对她自我完整性的损害，远远超过了一千美元的价值。

亲密关系中的完整自我

因为存在不同的期待或来自伴侣的压力，很多人的性生活无法和谐。这是我们最脆弱、情感上最直接的领域，在这里，我们强烈希望自己被对方接受——同时也希望接受对方。因此，如果我们不能让对方了解自己到底喜欢和讨厌什么，什么最能撩起我们的欲望，什么会让我们觉得不舒服，我们是无法获得真正的亲密感的。但是，我们不想让对方感到冒犯，也不想过于循规蹈矩，但也不想显得好像在玩乐或搞发明。我们知道，每个人对愉悦和欲望的体会都不同，我们希望对这些不同表现出尊敬。我们还知道性对吸引他人而言有着巨大的力量，可以轻松地通过这方面的限制来操控他人。因此，如果我们不够小心，便可能根据错误的动机做出决定，比如为了证明自己的吸引力，证明自己开放、自由、不羁，证明某人属于自己，或是为了惩罚某个人，以及为了摆脱情感勒索的迷雾。

你要如何在这个敏感、暧昧的领域做决定？这里可没有绝对的法则，你们的依据只有彼此的共识。你必须清楚自己的需求，也得了解对方的需要。接着，你得仔细评估可能让人感到不适的要求及其对自我完整性的影响，再决定自己想不想这样做。虽然有关性的问题太过敏感，而且用之前介绍的考虑全面的方法来分析似乎显得小题大做，但接下来你可以看到，这些步骤依然是有效的。

这真的是爱吗

性爱其实也是一种给予和付出的过程，如果是为了取悦对方，有时候做点让步也未尝不可，比方丈夫一大早就想做爱，但妻子却还想睡，而且也不一定有心情，但她还是愿意配合丈夫的。这种情况下，没有人有任何损失，妻子的自我完整性也完好无损，除非丈夫经常有这样的要求，而妻子总是不情愿地妥协，并得不到任何快感。在性生活和谐的亲密关系中，偶尔让步不会伤害到自我完整性，因为性并不是一种义务或是苦差事。比如，一名女性可能会要求伴侣"穿上牛仔靴"以满足她的幻想。对方并没有这样的幻想，但在一段亲密关系之中，我们总会向对方索取快乐，也向对方提供快乐。

但是，假如对方的要求太过火，而让我们觉得可能会受到伤害，我们有权利保护自己。海伦就谈到她与吉姆的某一晚有多么不愉快，因为她必须努力唤回吉姆所剩无几的爱意，哪怕她那时已经压力深重、疲惫不堪。"这对我来说真的很不好过，"海伦说，"我当时已经没什么心情了，但他却让我感到非常内疚，只能努力配合他。我喜欢做爱，但是那次真是令人痛苦。我觉得自己好像在无形中被利用了一样。"

我提醒海伦，在本来想读书的时候为了取悦对方而做出妥协，跟在感觉不舒服或压力很大的时候被迫做爱，两者之间有很大的区别。海伦马上理解了这种区别。"虽然我爱吉姆，但我已经决定了，"她说，"我不会再让同样的事发生第二次。"海伦的目标是坚定自己的立场，因此，我也将在下一章中告诉大家在这种情形下，该以哪些方式回应。

强迫一个不愿意做爱或身体状况不佳的伴侣妥协，是一件毫无体贴之心的事。假如是你遇到了这种情况，并有意妥协，你应该扪心自问：这真的是爱吗？还是只是为了证明力量、控制、胜利和支配？如果这真的是出于爱，对方应该也会重视你的感受。如果不是的话，护卫自尊与自我完整性就该是你的第一要务了。

重大决定

当情感勒索者的要求附加的风险非常高时，我鼓励你增加思考时间，仔细地考虑每种选择对你的生活与自我完整性将产生何种影响，在做一些重大决定时更是如此，例如：

- 决定一段婚姻或亲密关系的未来
- 决定是否结束与父母或亲友之间的关系
- 决定是否继续留在一个不愉快的工作环境中
- 决定一项巨额支出与投资

如果你能在剔除那些你不可接受的要素的前提下做出让步，同时也能得到情感勒索者的共识，保住这段关系，那么这种妥协才是完美的。你的目标不是僵化的二选一，而是把情感勒索者缺乏的"公平付出和接受"观念重新注进你们的关系之中。

给自己一点时间好好思考情感勒索者的要求，以及自己可能采取的对应方案，但以下状况除外。

- 对方对你进行身体虐待，或威胁要攻击你。
- 对方酗酒、吸毒、赌博或欠债不还，而且不承认或拒绝接受治疗。
- 对方有违法行为。

以上情况是不容你多加考虑的，这时你得迅速做出决定并采取行动。

先宣泄，再分析

我们前面提到那位在法院工作的莎拉，一直想和男友弗兰克结婚，但是他对莎拉不断的测试让她不由得感到迟疑。当我要求她审视自己做出决定的过程时，她发现自己必须做些改变，才能愉快地接受与弗兰克的婚姻。

我给莎拉一份作业，要她列出两张表，一张写明自己希望弗兰克能给她的，另一张则写下她能和不能接受的行为。"我可以做两种表吗？一张叫'你这个大白痴，你以为你是谁'，另一张才是我真正的需求。"

莎拉问，"我觉得自己需要发泄一下。"

　　如果你也积累了很多负面情绪，总在劝自己别生气，你可能也需要这样做，或是找到其他发泄沮丧情绪的安全途径。你要先做完这件事，才能关注你的列表。虽然考虑自己的需求听起来是个能让你保持冷静和理智的过程，但事实上，很多情感勒索的受害者早已恨得牙痒痒，几乎濒临爆发了。

　　我提供一个宣泄情绪的有效方法：在面前放一张空椅子，想象那个让你气得要死的人就坐在上面（放上那个人的照片也可以），然后大声地把你长期以来的想法和感觉说出来。在情感勒索者不在场时，用语言表达出对他们的感受，可以释放积压已久的怨气，帮助你更清晰地认识自己。如果你对着情感勒索者本人大发脾气，不但对事情毫无帮助，甚至可能使你们之间的气氛更糟糕。

　　因此，莎拉写了这样一段话。

　　　　弗兰克，我不知道我们之间到底怎么了。刚开始你不是对我很好吗？我还以为自己对你很重要。但爱情不是考试。我是你的朋友、你的情人，也许将来还会成为你的另一半，但你对我的爱竟然有这么多附加条件，这让我觉得很愤怒。你说什么？就因为我不肯帮你妹妹照顾小孩，你就不能娶我？你怎么能那么小气呢？你怎么能用那种方式衡量我的价值呢？爱情是不能拿来交易的，弗兰克，我不想被迫也用这样的方式来换取你的爱。你把我当成什么了？你真是个混蛋！住手，不要再这样对待我了！

　　说完这段话以后，她做了一次深呼吸，然后微笑着转身告诉我："好了，现在我可以开始列清单了。"

　　我告诉莎拉，我们之所以要把自己对这段亲密关系的需求列出来，并不是为了获得整个情势的控制权，而是要表达自己"希望这段亲密关系能更接近我的理想"的愿望。

以下便是莎拉的列表。

一、不要再测试我对你的感情了，你要么想跟我结婚，要么不想。我爱你，而且想嫁给你，但是我不想再勉强自己去用行动证明这点了。如果你还是不确定是不是想跟我结婚，请你告诉我，让我们一起来解决。

二、我爱你，但我也想要扩展我的事业，这两件事其实互不影响。如果你不这么认为，那就代表我们之间有些原则问题需要沟通，而且最好尽快。

三、希望你别再把我的不让步解读成我不愿为你付出。这两者之间根本毫无关联。

四、如果你要我为你做些什么，就请你说出来，在我觉得可以的情况下，我都愿意去做。但是，如果我拒绝了你的某些要求，也请你不要让我觉得自己好像一个连环杀手一样。

"做这些让我感觉真好，"莎拉说，"但是现在我有点担心，如果弗兰克的反应是大笑怎么办？或者说'不，我做不到'，那又该怎么办？"

"总之，你要试了之后才知道。"我告诉莎拉，"你可以先预演一下，看要怎样才能很自然地告诉他，在告诉他后要观察他的反应。你要记住，你随时都要从他的反应中获取信息，不要做任何假设，只要随时注意事态发展就好。现在你得做两个决定，一是告诉弗兰克你的需求，二是在观看弗兰克的反应后，再决定你们俩的关系该如何发展。"

解除婚姻危机

丽兹已经忍气吞声好些年了，因此当迈克尔对她想重返职场的要求表示恼火时，她就一股脑地爆发了，而且两人都采取了威胁的手段——丽兹威胁要离婚，迈克尔则威胁要把双胞胎带走，让丽兹身无分文。当丽兹重新审视迈克尔要她"留在家里带小孩"的要求时，她知道自己一旦答应，便要放弃一些对她的自我而言具有重要意义的东西。

于是我建议丽兹写封信给迈克尔陈述自己的感受，并再次说明自己的需求。她如果认为需要表示歉意的话，也可以道歉，同时我也建议她使用莎拉向弗兰克提要求的方法，以一种不对迈克尔进行攻击的语气来表达自己的看法。

在你和情感勒索者之间的冲突愈演愈烈之际，写封信向他表达你的观点是一种安全的做法。这样你既不用担心自己因为太过紧张而忘了想说的话，也能确保自己不偏离重点。把写信当成在压力下展现优雅的途径吧。

以下是丽兹写给迈克尔的一封信。

亲爱的迈克尔：

我之所以决定写信告诉你我的想法和感受，而不选择面对面的方式，是有理由的。最重要的原因是，我怕你又像往常一样，只要一讨论到我们之间的问题，就会大发雷霆。现在，如果我决定跟你离婚，你又用一些更可怕的后果来威胁我，这让我更害怕了。我一旦感到害怕，头脑中便会一片混乱，根本无法清楚地思考，也无法准确地表达。一个原因是，只要你一听到不想听的，就会马上打断我的话，不让我说下去。所以现在我把想说的话写下来，就有机会组织一下自己的想法，将它们清晰地表达出来。

我希望你能读完这封信，之后，我们能平心静气地坐下来好好谈一谈，不要再陷入那种不是你死就是我活的氛围里。

迈克尔，如果我们之间的关系能够改善，变得更健康、更有爱、更平等，那我实在不愿意离开你。即使过去这几年来你那么多次伤害我，我仍然深爱着你，我知道你也依然爱着我。你可以成为世界上最棒、最性感的男人，但如果要我留下，我希望你能为我们的错误负一半责任，也请你在让我们的生活重新步上正轨的过程中与我付出同等的努力。

我发誓会付出同样的努力。事实上，我现在就开始做了。我知道你对我重回学校上课这件事感到不太高兴时，我反应过度了；我也知道是因为我说要离婚而且还找了律师，才让你大发雷霆并口出威胁。之所以会造成今天的结果，我们两个都有责任，但我们都没有表达过自己的真实感受。我原本只是想让你知道你不能控制我的生活，但却搞成今天这种局面，这是我的错，我真的很抱歉。

其实我原本并不晓得我们到底为什么会变成这样，直到我向苏珊做了咨询。这种情况就叫作"情感勒索"，而它存在于我们之间也有好一段时日了。你以前就常会施行一些小手段以作惩罚，比如故意让我下去开车库门，虽然这样的行为十分幼稚且侮辱人，但那时我觉得这些事和我们共度过的好时光相比根本不算什么。然而现在我知道，我那一半责任就包括我没有告诉你这个行为是侮辱人的，是我根本无法接受的。不过，现在你的情感勒索已经升级到用可怕的威胁控制我的行为了，因此，如果我们的关系不能在根本上做些改变，我是绝对无法继续这段婚姻的。

我现在正努力地接受咨询治疗，以重建我的自尊，并试着去了解自己到底为什么能忍受情感勒索这么多年。但我无法孤军奋战。我知道你重视的是解决方案，因此现在我就告诉你，如果你真的有心要挽回我们的婚姻，那么你应该做些什么：

一、你必须立刻停止虐待和威胁我，这点是没得商量的。我知道你不可能把钱和孩子都带走，所以省省吧！如果你很生我的气，或是担心我真的会离开你，你可以亲口告诉我。但是，我不会允许你把我当成一个淘气小孩一样任意处罚，如果你继续这样做的话，必要时我会离开房间或家。（迈克尔，我不知道你能不能独自完成这个任务，但如果你能去寻求一些专业协助，搞清楚你现在这种行为方式的原因，并学着控制自己的愤怒，我不知会有多高兴。）

二、我希望在每天晚上孩子睡了以后，我们能有一段独处的时间，在尊重彼此、友善相待的前提下好好谈谈。我们都有满腹牢骚，虽然我并不期待事情能在一夜之间圆满解决，但我们可以把问题说出来，一起寻求折中方案及解决办法。

三、我知道你特别爱干净，而我却总是忘记收拾东西。我会试着把周围整理好，但你也要稍微降低你过高的标准，让我和孩子能稍微喘口气。也许你可以放下惩罚的手段，多帮帮我。

四、不要再对我大吼大叫。这不但会造成我的心灵创伤，还会让我想起我父亲，我真的非常害怕。

我衷心期望你能接受以上请求，而且我也很愿意和你一起努力。苏珊建议我们可以给彼此 60 天的时间试试看，我觉得这个提议不错，到时候我们可以再重新评估整个状况以及彼此的感受。现在我虽然很害怕，却也充满期待，因为我认为这是让我们婚姻回春的好机会。

——丽兹

迈克尔一直对丽兹使用惩罚和情绪虐待的手段，很难预测他会如何回应丽兹这封说明她需求与希望的信。然而不论结果如何，这封信对丽兹来说已经是一个进步了。

工作危机

当情感勒索发生在工作场合，尤其牵扯到上司时，问题看来就不太好解决了。"恶魔般的上司"已经成为员工的噩梦，更糟的是这种关系中存在严重的权力失衡。我们内心很清楚，情感勒索者掌控着我们的生计，我们只会向付薪水的人缴械投降。然而，就像婚恋关系中的情感勒索一样，我们并不会特别注意这种职场上的情感勒索行为，纵容情况不断升级，最终我们只能选择离开。

扩大你的选择面

以杂志编辑金为例，她觉得自己已经被困住了。

> 我整天都坐在办公桌前不停地打字和打电话，累得快要不能思考了，但我的老板肯还是会继续用别人来打击我，他给我定下的标准都是些不可能的任务。我可不像一些同事是十足的工作狂，但如果我稍有懈怠，就会被列入他的边缘人黑名单——公司一旦裁员，我恐怕就要卷铺盖走路了。

> 想要脱离这种状况，除了另谋他就之外别无他法。我现在身心俱疲，回家后唯一能做的就是要控制自己别号啕大哭，也别把火气撒到不相干的人身上。但是我不能辞职，因为我需要钱。以前我从不相信有地狱，现在我相信了。

很明显，金需要改变。她的工作已经危害到她的生理和心理健康了，但她却认为自己"别无他法"，这完全扼杀了她可能有的其他机会。为了不让情况继续恶化，金得找出自己的需求以改变现状，即使这改变可能微不足道，也要一点一点进行。

我们先来审视肯对金的需求。

"我不知道他怎么能这么做，"金说，"他不只要求一样东西，他的要求是永无止境的。他觉得我可以整天不停地工作，但我办不到。"

"所以你觉得他真正的要求是什么？"我问。

"可能是'对我言听计从'吧。"

"不然呢？"

"不然他就会让我滚蛋，至少也会说'你比不上米兰达，她是有史以来最伟大的编辑'。我只要变得不再重要，就随时可能被取代。就这么残酷。"

"我们之前就谈过老板老拿你跟米兰达做消极比较的事，但你为什么认为只要没达到老板的要求，工作就会不保？"我问，"难道他暗示过什么吗？"

"其实他也没说什么，"金回答，"但我能感受到。其他人也都默认，一旦失宠，你就危险了。"

"你曾经跟老板谈过你因为工作太辛苦，手臂和脖子都出了问题吗？"

"你在开什么玩笑？"金说，"我们不过是些小卒子罢了。"

我告诉金，她似乎是在根据某些未经证实的假设来回应老板的要求。我要她描述一下肯对她的要求怎样才算合理。

一旦能确定合理的标准，才能发现什么是不合理的要求，才能审视其对自身及他人的影响。

"对我这一行的人来说，超时工作可谓见怪不怪——平均一个星期得工作 50 个小时，周末还得读一大堆资料，"金说，"虽然我了解这种情况，也愿意接受，但我的工作量已远远超过了这个标准。现在我每周得工作 60 到 65 个小时，周末还要上班。老实说，我真的很讨厌压力，更讨厌被拿来跟别人比较。这不但无法激励我，反而会让我觉得恐惧和怨恨。"

最后，我要求金说出自己的需求。"我希望有人分担我的工作，也希望老板能对我们一视同仁。"金说，"他对我要求太多了，而且他老是拿我跟过去的编辑比较，让我觉得压力很大，我希望他别再这样做了。我希望老板直接告诉我，他要什么，而不是用现在这种方法。"

"你谈了很多关于你老板的事，但你又是如何定位自己在这整件事中的角色呢？"

金开始思考起自己应负的责任："事情变成这步田地，我真的很难

过。我知道当我感到累、不舒服或是想拥有自己的生活时，就要学着说
'不'；如果我不总把事情往坏处想，可能也会有点帮助。"

在思考自己的处境时，金发现自己感受到的压力大部分来自内心，
而不是外界。如果金提出放慢工作脚步的要求，肯真的会开除她吗？这
点他可能想都没想过。金甚至从来没有向肯提过自己健康受到的影响，
而是一味答应肯的要求。但是，她现在已经没办法透支体力了，这样做
的结果会非常可怕。她断定自己只有一个选择——维持辛苦工作的现
状——这其实不算一个选择。

虽然金现在不太敢面对肯，我们还是不断练习，直到她渐渐适应。
在下一章，我将告诉大家，金是如何向老板表达自己的看法，让他们的
相处模式更加和谐的。

策略运用

如果你的经验告诉你，一旦你试图反抗或劝说老板，将会导致一些
令人不快的结果，只要你的身心健康尚未受到损害，你也可以选择暂时
按兵不动。

如果你的老板是一名情感勒索者，喜欢感情用事，极端易怒或者一
向对你态度鄙夷，你又该怎样找出与他共事的方式？虽然改变自己的个
性似乎是唯一的方法，但大部分人都不可能这样做，也做不到。我们知
道自己得脱离目前的窘境，但如果我们银行里没有积蓄，而且目前也没
有更好的工作机会，根本不可能立刻潇洒走人。

因此，现在唯一的对策就是调整你的行为策略，而不是屈服或投
降，这样，你的受害感和无助感将大幅减轻。"策略"指的是你选择一
种对自己有利的方案，而它也应该对你有利。假装要妥协，实际上在寻
找出路的做法算不算阴险？不，那只是一种自我保护的方式。

策略性行为模式的指导原则如下。

一、不容许任何对你健康有害的事物存在。这是自保的重要原则之一：不要容忍虐待，这会让你的身心遭到损害。

二、重新定义工作对你的意义。不要把你的工作场所当成一个苦刑场，你需要用专心工作的方式来实现你选择的那个结果。你可以这样告诉自己："在攒够改变所需的钱以前，我选择维持现状。"如果你刚开始这份工作，你可以把所有的精力放在学习新事物上，或抓住获得专业训练或向有经验的前辈学习的机会，将你对目前工作的不满转化为脱离目前状况的实际行动。

三、订立一个时间表和计划。我并不是建议你永无止境地忍受目前艰难的工作环境。你应该采取什么行动以改变现状？要找新工作吗？上课进修？想办法升职？存钱吗？要存多少或多久存一次？把自己的需求想得更仔细些，并认真执行你的计划。

四、采取一些行动以改善现状。虽然你没必要跟不理性或专制的老板发生冲突，尤其在你认为目前的饭碗已经摇摇欲坠之时，但你可以用一些小动作试试对方的反应。就拿金来说，她可以改变自己对老板唯唯诺诺的一贯态度，让老板知道她在某个时间已经预定了要做某件重要的事，没法随叫随到了。或许她会很惊讶地发现，比起跟她对着干，老板竟然愿意与她方便。因此，如果你能坚定立场并为自己的权益奋战，平时那些欺压你的人反而会示弱，而且奇怪的是，他们可能会因此更尊敬你。

只要你能看清在这样艰难的环境下自己能有什么收获，你的压力水平就会下降。请谨记一点，唯有关心自己，以及以清晰计划的一环而非出于恐惧的方式做出回应，你才能享有自我完整性。

当努力看不到结果

有时候，我们的努力未必会有成果。我们一直试着告诉别人我们的原则，并表达自我的需求，却发现情况一点也没有改善。

玛丽亚试了好几个月，想和杰重修旧好，但一切却徒劳无功。

> 你知道，我已经给他很多机会了。我们针对这件事不断地进行讨论，而且我也要求他和我一起接受咨询，他也确实配合过我一次。他甚至还答应要和我一起去见牧师，但在牧师面前，他满口谎话，把责任推得一干二净。

有时，一段亲密的关系就像一瓶牛奶，你及时把它放在冰箱里，还能保鲜一段时间，但如果放在外面太久，变酸了，就怎么都救不回来了。我问玛丽亚，她和杰之间的关系是不是就像这样。

> 我很害怕情况会变成这样，但我不会让他这样对我。何况在这种压力下，连孩子都会受到影响。我觉得我已经要崩溃了，然而看看他们，我觉得他们也一样。毕竟有一个不快乐的母亲已经够糟了，一个会谎话连篇、到处拈花惹草的父亲算是什么榜样啊？
>
> 苏珊，我不会对你说谎，我试过各种方法，想维系这个家庭。做出这个决定，我自己也很难过，这就像砍断自己手臂一样痛苦。但我知道，长远来看，这是对孩子最好的做法——我的生活会变好，他们的也会。冷静下来之后，我知道对孩子最坏的做法就是让他们继续跟着杰这样的父亲，以及一个痛苦、不快乐的母亲。我们都得脱离目前的情况，这是唯一对大家都好的方法。

我请玛丽亚放心，从我以往的咨询经验来看，她选择的这条道路无疑是对孩子最好的。父母们通常都认为，他们"为了孩子"绝不能离婚，但对孩子来说，每天面对父母之间充斥的敌意及绝望，受到的伤害更深、影响更大，一次干脆利落的分手反而是好事。

玛丽亚已经找出能让内心获得宁静的智慧了，现在她需要做的是坚持自己的决定。

坚定信念

罗伯塔也认为"转身离开"是必须做的事，她不想和这样的家庭继续联系了。

> 我需要他们接受并相信我说的这个事实——父亲在我小时候虐待过我。我没有必要继续隐瞒事实了，因为我跟他们相处了好些年，我知道他们会怎么做。他们不会接受这项事实，而且除非我认可他们的说法，不然他们就会说我疯了。苏珊，你自己也见过他们，知道他们是站在同一边的。我当然不能顺他们的意，说虐待的事都是我臆想出来的。我想这就是你常常告诉我的——要他们还是要我自己的心理健康，而我选择了后者。

罗伯塔决定，要在所有人在医院里见我时宣布她的决定。医院对她来说是个很安全的地方，她曾经在医院住过，而心理咨询师、医护人员和她熟悉的整体环境也有助于她度过这段难熬的时光。当她向家人说明自己的决定之后，即使家人有反对的声音，但她却觉得如释重负，感到更自由，头脑也更清楚了。

如果你也像罗伯塔一样正在处理这种关于虐待的问题，或是有过抑郁症病史、情绪不稳定，并已经决定和家人断绝关系，哪怕只是暂时的，有个支持系统也是很重要的。就算没有一位心理治疗师的帮助，你也需要列出一些真正值得信任、能给你提供支持的人，如你的另一半、好朋友或是兄弟姐妹。告诉这些人你的决定，并让他们知道，在这个重要的时刻，你非常需要他们的协助与支持。

此外，还有很多事比起做出生活中的重大决定，更会让你感受到巨大的压力。这时你会觉得矛盾、不确定、自我怀疑并高度忧虑，这些都是正常的心理和情绪状态。但是记得提醒自己，现在是你在主动出击。如此一来，压力自然就会减轻。

不断念出那句有力的声明——"我受得了"，并想象自己离开目前纷乱的环境，成为一位旁观者。这两种技巧都能帮助你在此艰难时刻获得平静与镇定。此外，还有几种适用于每个人的减压运动也很有帮助，如冥想、瑜伽、舞蹈以及各种运动和爱好，或是多花点时间和让你觉得轻松自在的人相处，都会让内啡肽水平增加，让你觉得更快乐，也更能消除原先不快的感受。当然，如果你需要其他协助，也有些专业且并不昂贵的资源可供利用。

不论你的决定为何，当压力临头时，你都可以利用本章所提供的技巧来减压、集中精神，并好好分析一下周边环境以及别人对你提出的要求。当你根据自身的标准，而不是情感勒索者的要求来下决定时，你就已经给情感勒索的恶性循环以重重的一击了。现在开始，将你的决定付诸行动吧！

第十章 制定策略

　　你做过的所有准备，正逐渐引领你走向重要时刻：告诉情感勒索者你的决定。但我知道，随着行为模式改变而来的恐惧、忧虑和焦躁等矛盾情绪，正在冲击你的内心。

　　现在，我想提供你一些有用的策略，不管对方如何回应，这些策略都能帮你陈述事实并固守立场。当你反复练习并实际使用本章即将介绍的这四种策略之后，我保证你能改变人际关系中一边倒的现象。这四种策略——非防御性沟通、化敌为友、条件交换以及运用幽默——是终结情感勒索最有效的方法。

　　当你告知情感勒索者你的决定时，我多么希望能在你身边，但事实上我办不到。我能做的就是告诉你该怎么做，帮助你学会方法，让你在面对情感勒索者时能坚守原则，并给你一个可靠的出发点。

　　请注意，当你和一些喜怒无常、有潜在危险性的人住在一起，或与他们存在任何关系时，千万别提前告知他们你打算离开。你必须保证自己的安全，让自己成功脱身。如果在过去这段关系中，对方曾对你进行身体虐待，此刻对你而言更是一段危险期。你要找到一个安全的地方并试着求助，即使不能从家中获得帮助，也应该找一个避难所。千万别落单，需要时寻求援助机构的帮助，并好好保重身体。以下这些策略的适用对象并不包括习惯对他人进行身体虐待的情感勒索者。

策略一：非防御性沟通

我们已经看到，有些人总是通过吼叫、生闷气、装受害者、威胁或指责等方式来达成目标，而我们也总是尽可能做到最好，利用各种工具来回应他们，并在我们身边筑起一道道墙，来隔绝他们这些行为在我们心中引起的恐惧感、责任感和罪恶感。

- 我们会反驳他们对我们下的定义："我并不自私，自私的人是你。你怎么可以那样说我？我为你可是付出了一切，想想当时……"

- 当他们在承受痛苦时，我们会尝试去了解他们的心思。我们会说："告诉我怎么了，我做了什么事让你不高兴吗？告诉我，我要怎么做，你才会觉得舒服些？"

- 我们尝试去获得他们的认可，希望他们别再因为我们而生气了。我们会说："好吧，假如你真的那么生气，我可以改主意／不去上课了／不接受那个工作了／不去看我的朋友了……"

- 我们尝试解释、反驳、道歉，并试着让他们以跟我们同样的角度来看待事情。我们会说："你为什么不理性一些？你不明白你大错特错吗？你的要求是多么可笑／疯狂／不理智／侮辱人……"

问题是，这些反应是充满防御性的，只会让气氛更紧张，激起更多情绪反应。结果是，我们企图保护自己，反而火上浇油。

但是，如果这些责难、威吓与负面标签的火星飘落在湿地上，又会怎么样呢？如果你先别试着改变他人，而是先改变自己的口吻，又会有什么样的结果？如果你以下面说法来回应，情况又会如何？

- 对不起，让你这么生气。

- 我能理解你的心情。

- 你的想法值得深思。

- 真的吗？

- 怒吼／威吓／退缩／哭泣是没有用的，根本无法解决问题。

- 等你平静下来，我们再来聊聊。

而最不具防御性的一句话是：

- 你绝对没错。（即使你并不这样认为。）

这些例句是非防御性沟通的精髓，请记住它们，并想一些属于你自己的非防御性说法。大声地反复练习，直到你能应用自如。如果可以的话，找位朋友一起练习。重要的是要能把这些句子融入你的语言习惯中，并适时地使用。记住，在面对压力时，不要为你自己以及你的决定做辩护或解释。

我知道刚开始使用这些句子时，你可能不太习惯。毕竟很少人在面对他人的攻势时会用这么短小且不带有情绪的言语来回应。因此，如果你发现自己忍不住想解释或拓展一下也别太在意，只要注意避免这种情况就可以了。

在处理情感勒索时，非防御性沟通对任何阶段的任何人都很有效。我已经把这种技巧教授给了上千人，并在日常生活中应用了很多年。但这并不表示我一开始就能轻松使用它，而且我也不是每次都能正确使用。过去这样做的时候，我心中经常七上八下，就像大部分人一样，现在偶尔也会紧张。但我向你保证，当你用多了这种策略，以及我将教给你的其他方法，你就会感到越来越轻松。

用非防御性方式宣布你的决定

乔什知道若要重拾自尊、挽救他和贝丝的爱情，并和父亲发展一段真正的父子关系，就必须停止偷偷摸摸的行径，并告知父亲他要和贝丝结婚。我鼓励他铁了心，把要结婚的消息同时告诉父母，以确保母亲是直接从他口中获得第一手信息，而不是通过父亲带有倾向性的转述得知的。他说："你让我用'非防御性方式'说出自己的决定，我喜欢这个主意。但是你得帮帮我，因为我不知道要怎么说，或者怎么开始。"

我们先从一些基本原则开始。"首先，"我告诉他，"你必须有一套开始的话术，让自己顺利进入状态，让对方成为一个被动的听众。"在向别人宣布一项决定的时候，你肯定想争取一切能争取的优势，因此不要选在对方觉得疲惫、有压力，或屋子里有小孩跑来跑去的时候开口。

如果对象是你的丈夫或伴侣，让他们知道你有事要谈，找一个安静、不被打扰的时间，也不要接电话。假如你不和对方住在一起，那就约个时间和地点见面，并确定那是个可以让你感到自在的地方。记住，场所具有能量，因此别选择一个让你一进门就会想起自己曾经如何受到对方不公待遇的地方。

"我可以打电话给他们，邀请他们某个晚上到我家来喝咖啡、吃甜点。"乔什说，"但他们会嫌麻烦，他们有两个人，但我只有一个人。不该他们过来，我过去其实也可以。"

我问乔什，他父母的家中是否充满回忆，像是会勾起他童年记忆的照片或物品。"哦，不会。"他说，"我不是在那边长大的，现在他们已经搬进公寓大楼了。那里更像酒店，一点都不像我们的旧房子。而且他们并不会虐待我，只能说有点心胸狭窄而已。"

一旦你选定了时间和地点，便需要转移注意力，决定届时你要说些什么。我建议乔什可以先要求父母听他说话时别打断或反驳，等他说完了，他们要说什么都行。如此，他就可以宣布自己的决定了。我和乔什一起设想了以下的对话内容。

> 爸、妈，我需要你们坐下来听完我要说的话。说出这件事对我而言并不容易。我已经反复思考过很久，因为我爱你们、尊敬你们，所以我希望能诚实面对你们，并且结束过去我们之间的不愉快。我想要让你们知道的是，我已经下定决心要和贝丝结婚了。对于过去这几个月以来我一直瞒着你们跟她交往这件事，我觉得很羞愧。我不说出来是因为我怕你们，怕你们生气和反对。现在，我心里仍然很害怕！

乔什在这个开头完成了很多任务，他摆出了这场会面己方的筹码。他说出了自己的感受，包括对他的处境以及会面情况的感受，并承认了先前的不诚实，表达了不想再说谎的诉求。然后他说出了自己的决定。

> 我要说的是，不管你们说什么或做什么，都无法改变我的决定。这是我的决定，也是我的人生。我想知道对你们而言，做出所谓正确的决定、完全照你们的意思行事，是否比我们之间的关系还重要。我希望答案是否定的。我很抱歉我没有爱上一位天主教徒。不，其实我并不觉得抱歉。你们可以选择接受我的决定并成为我新家庭的一部分，也可以选择不接受。爸、妈，我爱你们，我希望你们花一些时间来决定你们到底要怎样做。

乔什坚守了决定，并给了父母两种选择。最后他还提供了一个建议，他们不用立即回应，但是最好仔细想想他的话。

推测对方的回应

我鼓励乔什把自己当成演员，像背台词般反复练习要说的话。你也可以找个人练习，对着空椅子或对方的照片说话也行。或许一开始你会觉得很奇怪，但是练习的次数越多，一旦坐下来，真正和过去惯于对你造成巨大压力的人面对面说话时，你会越有自信。

如果你需要向对方提出的条件比较多，记在纸上去参考也没关系，可以让对方知道你正在做什么。但请一定大声练习说台词，不要只在脑中排练——这项准备将会带给你惊人的士气。

"我很乐于练习，"乔什说，"我并不太担心自己能不能顺利表达，我担心的是他们会说什么。最糟的是，我将看着桌子对面我爸爸的情绪像开水般慢慢沸腾。"

我通过角色扮演来舒缓乔什对父母反应的焦虑，并让他练习回答那些他最害怕的问题和批评。你也可以找个朋友一起或独自做这样的练习。

我问乔什："哪种反应是你认为最难应付的？"

"我想我父亲会说：'你知道，这表示我不会再帮你打点你的事业了。'"

"那你会怎么回答？"

"去你的！我才不需要你的钱。"

"我想，我们可以找些不那么冲的说法。"

"好吧！那如果我说'很遗憾你是这种反应，但我已经决定了'呢？"

我们针对对方可能出现的反应排练了一番，你也可以试试这么做。

苏珊（扮演乔什的父亲）说："我不可能支持你们结婚，我实在太伤心、太震惊了，你竟然对我撒谎。"

乔什说："爸爸，对你说谎我也觉得很难过。但我实在太害怕了。我并不想让你难过，但是我无论如何都要和贝丝结婚。"

苏珊说："你妈妈会怎么说？"

乔什说："我敢打赌她说的第一件事一定是：'如果你们有了孩子怎么办？他们会上天主教学校吗？你们会让他们在天主教会里长大吗？'虽然我们还没结婚，但我妈妈总是想得很远。"

苏珊："而你会告诉她……"

乔什："妈，我们将以无尽的爱来陪伴他们成长，把他们教养成品行优良的好人。"

苏珊（扮演乔什的母亲）："我要知道的是，他们以后会信天主教还是犹太教。"

乔什："那我就说：'妈，等我们有了孩子再说吧。现在这个问题是最不值得讨论的。'"

当乔什终于在父母面前宣布自己的决定时，他浑身颤抖，紧张得要死，但他仍完全按照设计好的来进行，没有吐出任何防御性的字眼。

过程不算很顺利。我的心跳加剧，声音大到我确定他们都听得见，而且我觉得有点恶心。我提醒自己调整呼吸，不停地告诉自己"我受得了"。这颇有帮助，但做起来也不容易。我父亲负隅顽抗。首先他说："你为什么要这样对我们？你怎么能这样伤害我们？"我觉得他的话像在戳着我的心，但我只说："爸，让你这样想，我很抱歉。"我的回应让他非常惊讶，但他还是继续说下去："如果你娶了那个女孩，你就不再是这家里的一分子了，这会让你妈受不了的。"于是我说："爸，你这种威胁已经在损害我们的关系了。我知道你很生气，很难过。"然后他真的说了我已经准备好如何回应的话："我不敢相信你对我说谎了。"我的回答是："我会这么做是因为我怕你，我希望你能别再做让我害怕的事了。"

他发现似乎说什么都没有用了，于是开始用其他办法："你看看我和你妈为你付出了多少……"而我说："爸，我很感激你们为我做的一切，但我不能因为感激就让你们决定我的结婚对象。"他的最后一招是拿我和我哥比较——我哥娶了一个天主教徒，生了一群信天主教的孩子。我说："爸，我不可能凡事都像艾里克，因为我不是艾里克，我是我。"

讲到这里，我父亲已经开始嘟囔，他已经无话可说了，所以我采取你的建议，对父亲说他可以花些时间考虑一下。

最后，父亲说："你要求我做的改变太大了。我固有的原则、价值和信仰对我非常重要，我还不知道能否接受你的决定。"我起身离开，而他们送我上车后，我摇下车窗，父亲对我说："虽然我一直教你要捍卫自己的权益，但我没料到这招会被用在我身上。"然后他好像笑了一下，于是我驱车离去。

乔什勇敢地面对了自己最害怕的情况——激怒父母。结果如何？没什么大不了的。高楼没有倒下，世界末日也没有到来。对他而言，这虽然不是一次愉快的经验，却释放了他的压力，让他重新拾回自尊。

乔什告诉我："我觉得自己长高了 10 英尺。"他重新寻回了自我完整性。

在现实世界中，真实的情绪和互动是十分复杂的，尤其在家庭中更是如此，好莱坞式的美好结局其实很少发生。我很想告诉大家，乔什的家人最后决定接纳他的新娘，但事实并非如此。虽然乔什的父亲不想失去儿子，但他还是无法真心接纳及关爱贝丝。乔什难过地认识到，尽管他并不想和双亲完全决裂，但因为家庭中这种紧张的气氛，他仍然必须减少和他们共处的时间。他很希望能在某个时机能软化他们的态度——也许是当他们抱孙子的时候——而这也是我的期盼。但即使他们的态度并未软化，乔什也已经做了正确的事。他的自尊和自我完整性并未受损，而他现在也过得自在多了，因为他不用再对父母撒谎，也不会背叛对贝丝的承诺。

有些时候，父母和其他与我们关系亲密的人的确会改变主意，重要的是你为自己做了什么，尤其在需要坚守立场时，你是否重申了自己的原则。

应对最常见的反应

因为你很了解对方，所以在表达决定之后，你不难预料到他们会有什么反应。但是，我们对这些非防御性的沟通技巧并不熟练，也许无法迅速做出回应，尤其是当我们尝试选择某些能缓和彼此情绪的字眼时更是如此。

不用担心自己反应不够快——你需要时间思索，在回答之前，能有片刻安静地消化对方的话也不失为一个好主意。重要的是，你要避免因为深觉焦虑或不知道该说些什么而重新使用你习惯的那些旧句型。所以我想给你一些明确的句子来回应最常见的反应。重要的是，你必须练熟这些句子，直到可以自然出口为止。

一、对方做出消极预测，并加以威胁。 施暴者或自虐者这两种类型的人会尝试抨击你，向你施压，希望你改变决定。例如，他们会表示，你一旦按照自己的决定去做，结果将十分糟糕。不受他们描述的恐惧后果影响是相当不容易的事，尤其当他们炮轰的主要论点是"事情搞砸了，都是你的错"时，你更要坚定立场。

当他们说：

- 假如你不照顾我，我就会躺在医院里或死在马路上／我就不去工作。
- 你就再也看不到你的孩子了。
- 你会毁了这个家。
- 我就和你断绝父子／母子关系。
- 我的遗产就没你的份了。
- 我会因此病倒。
- 没有你的帮助，我办不到。
- 我要你为此付出代价。

- 你会后悔的。

你可以说：

- 你可以做这种选择。

- 我希望你不要那么做，但我心意已决。

- 我知道你现在很生气。可能的话，希望你能再仔细想想，也许你会改变心意。

- 等你消消气，我们再谈这件事好吗？

- 这一次恐吓／挣扎／哭泣没有用了。

- 我很遗憾你会这么生气。

　　二、对方辱骂你，给你贴标签或负面评价。当某人开始辱骂你时，你自然会想为自己辩护，但这可能让你陷入类似"我才没有！""你也是！"的无意义对话中。这时你应该深呼吸，让你的恐惧感、责任感和罪恶感随着呼出的空气散去，把它们逐出脑中。记住，既然你的目标是表达并维护你的决定，重要的是你说了什么，而不是你有什么感觉。我们首先要改变的是你的回应方式，之后，我们再把焦点放到你的心情上。

　　当他们说：

- 我真不敢相信你这么自私，这一点也不像你。

- 你只想着自己，从不考虑我的感受。

- 我原本认为你和我交往过的其他女人／男人截然不同，但我想我错了。

- 那是我听过最愚蠢的事了。

- 每个人都知道子女应该尊敬父母。

- 你怎么能那么无情无义？
- 你简直是个白痴。

你可以说：

- 你可以有你的看法。
- 我明白，事情对你来说是这样的。
- 可能真是如此。
- 也许你是对的。
- 我还需要想想这件事。
- 如果你继续攻击我，事情将毫无进展。
- 我很遗憾你会这么生气。

　　三、对方诱导你解释和说明。对方可能要求你解释，要你告诉他们你是根据什么道理做出决定的。这时你或许会认为这是你一吐为快的机会，可以让对方知道你受到了多大的伤害、他们是多么的不体贴、你有多难过以及你决定不再继续忍受下去了。你可能以为他们提供了一个适当机会让你倾吐，并开始为自己辩解。可千万别那么做！

　　你要继续把注意力放在自己的目标上。你正在说明自己的决定——没有别的了。如果你真想停止情感勒索的过程，就别陷在那些争论中。你与对方的分歧根本不在于去哪儿度假或者是否要帮对方这个忙，而在于对方总是不顾一切要如愿，并一再让你屈服的互动模式。你现在要打破这个模式，因此千万别争论、解释、维护自己，别对方一问"为什么"就着急回答"是因为"。

　　相反，当他们说：

- 你怎么能这样对我（在我为你付出之后）？

- 你为什么要毁了我的生活？

- 你为什么那么固执／倔强／自私？

- 你是哪根筋不对了？

- 你怎么会这么做呢？

- 你为什么要伤害我？

- 你为什么这么小题大做？

你可以说：

- 我知道这件事会让你不高兴，但事情非得这样不可。

- 我们都不是坏人，只能说我们的需求有些不同。

- 我只能负起一半责任，另一半是你的。

- 我知道你非常懊恼／生气／沮丧，但这件事没有商量余地。

- 我们看事情的角度不一样。

- 我就知道你会那么想。

- 我很遗憾你这么生气。

面对沉默

而我们又该如何面对以不发一语的愠怒和煎熬来情感勒索的人呢？当他们完全不表示意见时，你该说什么，该怎么办？对很多人来说，这种不声不响的愤怒比言语攻击更令人难以忍受。

对这类的情感勒索者来说，有时看起来做什么都没用，而有时的确如此。但是，假如你能谨守非防御性沟通的原则，并记住以下这些该做和不该做的事，你便离成功不远了。

在面对沉默的情感勒索者时，不要：

- 期待他们会先采取行动解决冲突。

- 恳求他们告诉你怎么了。

- 追着他们请求回应（这只会使他们更缄默）。

- 批评、分析或解读他们的动机、性格和无法直接给予回应这件事。

- 因为他们不高兴，就心甘情愿地接受责备，以让他们心情好些。

- 允许他们转移话题。

- 因为紧张与愤怒的气氛而退缩。

- 因为挫败感而口不择言，说出非你本意的威胁。（例如，"如果你不告诉我怎么了，我就再也不跟你说话了"。）

- 认为对方如果最后道歉了，其行为也会跟着改变。

- 期待他们的个性有重大改变。即使他们承认自己的作为不当，并愿意努力改善也无济于事。行为是可以改变的，但个性很难。

而要使用以下的技巧：

- 记住，你正和那些觉得自己无力与软弱的人交涉，他们害怕你会伤害或抛弃他们。

- 在他们能够听进你的话时和他们见面，你也可以考虑写封信，那会让他们感到威胁性小一些。

- 向他们保证，他们可以告诉你为什么生气，而你也会听他们说完，并且不会计较。

- 运用技巧和外交手腕，向他们保证你既不会揭露他们的弱点，也不会和他们相互攻击。

- 说些让他们安心的话，例如："我知道你现在很生气，我可以等你做好准备，之后我们再来讨论这件事。"然后让他们独自想一想——如果不这样做，他们恐怕会更不愿意开口。

- 不要害怕告诉他们这些举动让你不高兴，但是要先对他们提出肯定。例如："爸爸，我真的很在乎你，而且我想你是我认识的最聪明的人了。但是每次我们一有争执，你就会沉默，接着掉头就走，这让我非常困扰。你这样做会伤害我们的关系，我希望你能跟我讨论一下这件事。"
- 把关注点放在让你感到生气的话题上。
- 你在抱怨时要做好会遭到反击的心理准备，因为他们会将你的坚持视为对他们的攻击。
- 告诉他们，你知道他们很生气，让他们明白你能做到什么地步。例如："我不让你那些亲戚住在我们家，而让你这么不高兴，我很抱歉。但我很乐意花时间为他们找一间好旅馆，并帮他们负担部分旅费。"
- 你得接受一个事实：在大多数情况下你都必须主动跨出第一步，就算不是每次。
- 有些事可以先不管。

当一个善于利用沉默和愤怒来影响目标的情感勒索者做出典型反应，开始"看我多生气，都是你的错，赶紧看看哪里出了问题，好弥补我"的循环时，这些技巧是打破这种模式的唯一法宝。我知道，你在明明想掐死对方时还必须充当保持理性的那位，是多么令人气结，但这是我知道的唯一有机会改变现状的方法。对你而言，这件事中最困难的部分在于坚守非防御性原则，并设法扭转对方生闷气的习惯，告诉他们，他们有权利感到愤怒。

气急败坏时仍需冷静

我们谈了许多关于如何处理情感勒索者愤怒的方法，但当你自己怒不可遏时，又如何坚守非防御性原则呢？艾伦的前妻贝弗莉以孩子做筹码惩罚艾伦，让他陷入了两难的境地。

> 上星期我带孩子去露营，当我送他们回家的时候，她竟然开始对我咆哮，因为孩子们看起来又脏又累。事实上，他们玩得非常高兴，但她却说我对他们太凶了。她还说如果我不能把他们照顾好，她就要向法院申请减少我探望他们的机会。我简直快被她气炸了，结果我们就像疯子似的对吼起来。虽然我知道这样不对，但她实在让我太生气了。她怎么能威胁不让我探望孩子呢？我该怎么做？

对于某些情况，我们并没有神奇的解决办法。离婚使贝弗莉深受伤害，自从艾伦再婚之后，她对艾伦的不满更是日益升级。很明显，只有艾伦自己也不好过，贝弗莉才能感觉好些。但事实上，他可以改变自己一直以来的一些作为，使双方关系不至于变得更紧张。

"我知道你有多生气，"我说，"但你必须学习如何缓和自己的情绪。你在面对朱时，把非防御性沟通运用得相当好，为什么不对贝弗莉试试？最难的是在气到想要杀人时还能保持冷静。"

"苏珊，你把我训练得很好了。"他笑着露出了牙齿，"我知道你会说，我唯一能改变的人就是自己。"

"的确，"我回答，"基本上，你要做的就是克制吵架的冲动，不管她表现得多不理性，然后再视当时情况进行安抚，比如：'很遗憾你对这件事这么生气，但是他们真的玩得很开心。假如下次有类似活动，我会在出门之前向你说明我们要做什么，给你点心理准备，这样你会不会觉得好些？'你上次也跟我说，你去贝弗莉那里接孩子时，她总是拖拖拉拉的，有时孩子甚至不在家，这确实让人生气。但她既然是孩子的监护人，总是会有很多搞小动作的优势，你必须想办法接受她无理的行为，否则你只会不断感到生气和苦恼。

"你要再次回到冷静或恢复冷静的阶段，不要一味发泄怒气，先做一次深呼吸，然后说：'贝弗莉，如果你能在我来之前把他们都打点好，我真的会非常感激你。另外，我能做点什么来帮助你吗？'我不能预料她会有什么反应，但我可以保证你不会再有那么强烈的受害感。"

策略二：化敌为友

当情感勒索陷入僵局时，邀请对方一同解决问题以转移谈话方向，往往是很有效的一着。一旦你向对方请求帮助、建议或是信息，可能会发现从未想到的可能性，而且人类的本性决定，他们一旦参与了你的决策过程，会更乐意帮助你实现这个决定。如果在与对方沟通时，你抱持的是求知欲和愿意学习的态度，你会很快改变充满攻击和辩解的对话基调。

以下问题可以帮助你们减少仇恨，缓解彼此紧张的关系：

- 你能不能告诉我，为什么这一点对你这么重要？
- 你能不能提供一些建议，好让我们来解决问题？
- 你能不能帮我想想，我们可以一起做些什么来改善彼此的关系？
- 你能不能告诉我，为什么你这么生气／不高兴？

此外，我建议你使用一种我称为"猜想工具"的方法，它听起来仿佛应该被放在广告传单上。这种方法将能鼓励对方跟你一起想象改变以后的样子，以及如何促成改变。

我们可以用以下例句作为"猜想工具"的示范：

- 我想知道，如果……会怎么样？
- 我想知道你能不能帮我找到一种方法来……？
- 我想知道我们要如何做得更好 / 顺利相处？

和某人一起展开猜想能够激发出想象力，甚至会让人产生玩心——这就是非防御性沟通能给你的最有趣的结果。人们不喜欢被攻击，但往往乐于帮助人解决问题。

通过倾听找出解决之道

艾伦和朱彼此相爱，也想要在一起，因此艾伦和朱之间的问题并不像和贝弗莉相处时那么复杂。但朱过分的纠缠仍然让艾伦苦不堪言，他试着寻找应对之道，他花几天劝说她，告诉她因为工作需要，自己得离开她一些日子。然后他跑来找我，希望我能帮助他找到解决之道。

> 我不知道该怎样做才能让她不因为我要出差去北边而闹脾气。我不可能说"我不关心你的感受，也不管你有多生气，这次我非走不可"，这样说一点用都没有，我如果说了，不但要担心这趟远行，还得安抚一个大哭的妻子。

我告诉艾伦，在向朱宣布他的决定时，他可以问朱如何做才能减轻她独处时的恐惧，来缓解朱给他的压力。同时我提醒他，帮朱改正或是应对造成她依赖性的早期心灵创伤并不是他的工作。朱必须通过自己的力量成长起来，这样才能使他们的婚姻成为一种伴侣关系，而非父母与孩子般的关系。同时，他还要让朱成为自己的盟友。我们做了一些练习，让他试着用"我想知道"和"我需要知道该怎么做"的句型，让朱参与并支持他的决定，而不是向他施压，让他改变决定。

"好，"艾伦说，"这样说可以吗？'朱，我必须出门到旧金山几天，在你生气之前，能不能告诉我为什么只要我离开一下子，你就那么紧张？'"

"不行，艾伦。我们不是要给人贴上标签，只是想获得一些信息。你之所以要问她，是因为她会提供一些可以改善情况的建议。试试看这么说：'朱，我必须要北上出差几天。我知道你会因为和我分开而焦虑，但这次公差真的很重要，因此我很想知道要怎么做，才能让你对我出门这件事释怀一些？'"

艾伦这样将自己进退两难的状况告诉朱，便能对朱的感受有更深的了解，而且他既没有批判她，也没有给她留下空子，而是摆明了自己一定会走的决心。

> 事情进行得比我想象中顺利许多，我告诉她跟你的讨论，问她要如何做才能减轻她对我即将远行的焦虑时，她说："带我一块儿去。"我说没问题，但同时我也说清楚，这次出差是为了工作，而非度假，因此我会参加许多大小会议，她很多时候还是要独处。起初她说没关系，她喜欢待在旅馆里，可是不久之后，她说还是待在家里比较舒服，所以她决定要留在家了，只要求我每天晚上打个电话回来。天哪！我终于松了一口气。以前，我们从来没有以这种方式解决过事情——原来一切都可以没事的，但我们却总是闹到不可开交。

现状改变了，艾伦下决心做了他需要做的事，并将朱的感受纳入考虑。他们找到了一种共同努力的方法。艾伦只有愿意把朱当成盟友，而非敌人，才不会忽略这种可能性，与她并肩解决问题。

向老板求援

金使用了各种非防御性的沟通技巧，让老板肯停止对她做消极比较，她也希望老板能顾及她的健康状况，减轻她的工作量。她尤其喜欢将老板发展为盟友的主意。

我不是老板，没有资格定规矩和贯彻自身的意志，但我可以做我们所有人都能做到的事——努力当一名优秀的团队成员。我曾经以为那意味着不管是谁的要求，我都应该不惜任何代价去达成。而现在我发现，团队合作的真正意义应该是尽自己所能，在大家咬紧牙关努力工作时做出自己的贡献，但同时也要有自己的空间来处理自己的生活和健康问题。

另外，金也想终结肯施压的伎俩，我们来看看她准备的交涉方式。

肯，也许你自己并没有察觉，但我注意到你经常拿我和米兰达做比较。过去这的确能够有效地影响我，让我在工作上超越自己，但现在已经不管用了。我会用不伤害自己健康的方式对工作投以110%的精力，因为我想这么做，也因为我真的喜欢这份工作。我很高兴你能尊重我，因为毫无疑问，我也很尊重你。但是请你停止这种乖孩子和坏孩子的比较游戏。你和我都是大人了，而且你又不是我父亲，我也不是你女儿，况且我还比你大三岁呢！还有，米兰达也不是我姐姐，所以我得脱离这个扭曲的人工"家庭"。

和跟许多人一样，金能写出一份流利的讲稿，但在面对面沟通时却经常卡壳，因此反复练习是绝对必要的。所以她找了一位朋友来听她讲，和她做角色扮演，在车上大声练习，并获得了丈夫的协助，最终能够冷静地表达自己的观点。

策略三：条件交换

当你希望对方改变行为时，你也要改变自己——这种交换必然会按顺序发生。我们还是小孩子的时候，都做过类似交易，比如拿两本漫画换一本书，或是拿金枪鱼三明治换花生果酱三明治，也就是放弃某些东西来换取等值的物品。这种"条件交换"策略对情感勒索的最大作用在于，它排除了"改变的压力必须全落在一个人肩上"这种认知。相反，在条件交换中，没有付出就没有获得，没有人会是输家。

我在马特和艾米这对夫妇身上见到了条件交换让人们从情感勒索中解脱的力量。他们是几年前的一对咨询者，艾米觉得马特忽略了她，让她非常生气。

> 他几乎完全无视我的存在。他起床，去工作，回家后一语不发地吃晚饭，然后坐在电视机前直到上床睡觉。他好几个礼拜没碰我了，我这辈子从没这么孤单过。

马特则说，问题出在艾米的体重。

> 她已经不是我娶的那个女人了。她的嗜好就是吃，你也看得出来，结果就是她现在已经这么胖了，我不认为这种体型有任何吸引力。她说我表现得像是对她一点兴趣都没有，没错——我是对她没兴趣。她这么胖怎么能引起我的兴趣？我不想假装不介意她的胖。

马特和艾米的关系已经严重恶化，艾米的心态是"如果你不能表现得爱我一点，我就离开"，马特的心态是"如果你不减肥，我就继续用无视来惩罚你"。虽然这些威胁并没有出口，但他们的行为已经清楚地揭示了彼此的感受，就像在用广播向彼此咆哮一般。

艾米是因为被无视而暴饮暴食，而马特则说他之所以无视她，是因为她吃太多了。他们彼此攻击，指责对方是造成痛苦的主因，于是我提出让他们进行条件交换。艾米从明天开始节食，而马特每天下班回家后必须花半个小时和她说话，以重建双方关系。当然，艾米并没有在一夜之间就减肥成功，马特也没有马上变成体贴的丈夫，但这种进步打破了僵局，最后让他们得以修补关系。

没有人喜欢自己单方面退让，而且我们讨厌独自解决问题，这种心态让很多人不愿意做先行动的人。但条件交换能创造双赢局面，容易被双方接受，同时也消除了一个使我们排斥和他人共同努力解决问题的原因——被对方伤害的感觉，这种感觉让我们觉得气愤，让我们想要他们付出代价。我们毫不相让，因为我们认为对方应该受到更严重的惩罚。但从对方那里获得某些东西的感受，让我们更容易搁置仇恨。

条件交换是一种相当有效的方法，因为双方都能获得想要的东西，从而避免了大部分冲突和争执中常见的相互指责与攻击。

打破僵局

条件交换的方法也让琳恩和杰夫停止向彼此施压。他们同意，说到底，他们婚姻中没有解决的问题，其实是经济上的不平等，琳恩尤其无法接受这一点。但是当他们终于坐在我的办公室里展开交谈，试着视对方为一个人而不是愤怒的对象时，他们带来了彼此的交换条件，并努力地使用非防御性沟通技巧来解决问题。琳恩先开了口。

> 我知道关于钱这件事，我需要更努力。我曾经认为自己不介意，我们还说好了在一起后，我不会特别抠门，不会像对待讨零用钱的孩子一样对待你。我会遵守这个协议。杰夫，我要的是你的保证，将来一旦你有什么需要——比如要买新卡车，我们会一起衡量一下我们的经济状况，然后根据我们的承受能力来做决定。换句话

说，在你得不到想要的东西时，不要再用一声不响消失的方式来向我施压。你说离开就离开，不留下只字片语，只会让我发疯。

杰夫回答：

有时候，当我必须向你乞求一件我想要的东西时，我会生气，忍不住离开家或是做点会让自己后悔的事。我必须将情绪发泄出来，我一旦爆发，就不知多久之后才能平复——大部分时间我甚至根本不知道自己正往哪儿去。

琳恩回答：

我知道自己对金钱的态度让你有多生气。我向你道歉，并保证会改善。我知道只要我们继续讨论这件事，而不是把压抑的感受发泄在你身上，我们就能解决钱这个问题。但是你至少要让我知道你要出门，而不是一气之下就跑出去了，而我也要知道你大概什么时候会回来。我知道你可能自己都不清楚这点，但是请你试一试。等你有了眉目，打电话告诉我你在哪里，还有什么时候会回来。这样会让我觉得好过一些。

杰夫说：

你知道我是爱你的，而且我不会离开太久。不过既然你觉得有需要，那我会告知你我的去处，并让你知道我什么时候会回家。而且现在也是我们重新思考一下财务问题的时候了。我想和你一起来管理——我管钱的能力比你想的好太多了——而且我知道可以做些什么来赚钱。我可以在山谷里驯马，但是我对你感到非常生气，甚至不愿意提这件事。我以为你还会嘲笑我，因为我怎么都赚不到你那么多的钱。

杰夫和琳恩仍然需要多多沟通、倾听与协商。不过通过条件交换，他们已经打下了相当良好的沟通基础。

行动而非空谈

查尔斯是雪莉的老板，也是她的情人。当雪莉提出分手时，他威胁说要解雇她。因此，雪莉决定提出三项对她和查尔斯双方都有好处的交换条件。一是无论如何，她都不会再和查尔斯上床，这件事关系到她的自我完整性，也是她十分坚持的。她能提供的条件是，自己做完手上的项目并帮助查尔斯找到继任者之后便会离职。另两项交换条件则是，她要查尔斯为以权压人道歉，并在涉及她的问题上不要带有个人情绪。

我很怕他会立即解雇我，不过我已经练习了好多次，确定自己知道该怎么说。他很惊讶的是，我竟然不怕他。一开始，他的意思似乎就是"不和我上床，你就没工作了"，但当我说这点我绝不会妥协时，他软化了。他告诉我："我不知道自己能不能忍受每天面对你，我也是有感情的——我们之间不是逢场作戏而已。"我说也许我们可以试试，看看结果会怎样，他同意了。我觉得是因为我提供了条件，没有直接跟他撕破脸，他才同意的。我手边有一些工作是新人很难接手的，我想他应该也知道让我留下来完成工作而不是立刻走人对他更有利。

但查尔斯却违反了他和雪莉之间的约定。

事情变得很困难。查尔斯在客户面前对我百般挑剔，而且不错过任何可以挖苦和贬损我的机会。他没有遵守条件交换的约定，我现在不知道该如何是好。

我告诉雪莉，解决困境的唯一方法就是回去找查尔斯，让他知道他没有遵守承诺。光说是没有用的，他必须以实际行动来支持他们的约定。要情感勒索者道歉和承诺改变行为并不难，但是要他们实践承诺会困难很多，所以适当提醒是很重要的。你可以说："你还记得我们有个约定吧？如果你能遵守条件交换中你该遵守的那部分，我会非常感激。"雪莉以一种有礼貌、非防御性的方式提醒了查尔斯。

我告诉查尔斯："也许你不知道你那些批评有多伤人，但我希望你能停止这种行为。"他当然没问我是哪些批评——他知道我在说什么。后来他似笑非笑地回说："做心理咨询之前的你比现在好相处多了。"

在雪莉这样的案例中，最终目的是要把自己从困境中解救出来，即便如此，你也得随时保持警觉，并在和对方相处时，监督他们遵守约定。

策略四：运用幽默

在一段基本良好的关系中，幽默可以成为一种有效的工具，帮你抒发对对方行为的感想。让我举一些例子来说明。

有一天，帕蒂向我抱怨有关乔自我折磨的倾向，当时她突然脱口而出："天呀！什么人来颁一个奥斯卡给这个人吧！他应该得最佳苦瓜奖。"

我反问她："你为什么不自己颁给他？"

她非常喜欢这个点子，所以到礼品店买了一座奥斯卡奖杯的复制品。她下次看见乔又开始唉声叹气时，便向他微笑并大声鼓掌，递给他那个奖杯。"我告诉他：'你演得真是太棒了！我特别喜欢你结尾的那声轻叹。'"当时的情景一下子变得滑稽，两个人当场大笑了起来。之后，乔就不再总摆出那副苦瓜脸了。

莎拉和弗兰克一直都有摩擦，不过两人的关系还算稳固，后来她决定用幽默来引起弗兰克的注意。她把原先摆在衣橱内的呼啦圈拿出来，下一次弗兰克又为他俩的婚姻设定条件时，她便说："你可以拿着这个让我跳过去吗？"

弗兰克问："这是干什么？"

"亲爱的，"她说，"我发现你很喜欢让我跳火圈来证明对你的爱意。你不觉得我们需要谈一谈这个问题吗？"

弗兰克说："你在说什么？我不会那么做的。"

"我知道你不明白自己在做什么，我也知道你爱我，但是你的行为让我觉得，未来好像有无穷的考验在等着我。"

"哦？"他说，"好，我们谈谈。"

接着，莎拉说："他咧嘴笑了，我喜欢那个表情。他说：'在我们正经讨论事情之前，你能先为我真的跳过这个圈吗？'这一下子让气氛轻松了很多。"

再也没有什么比和某个人用私事开个玩笑更亲密的事了。幽默是人与人之间的一种默契，而回忆过去的幽默体验则对关系有巩固作用。使用幽默来和情感勒索者沟通可以让双方感觉放松，让你们想起自己多么喜爱彼此的陪伴，还能提醒你，让你们感觉舒服的相处模式是怎样的。幽默也是一种疗法，可以降低血压，当你和矛盾对象相处时，它也能预防激烈冲突的发生。

如果你平时就是个幽默的人，能得心应手地运用它，那么幽默不失为一种表达自我的好方法。虽然我不能保证它每次都有用，但会大幅减轻你的恐惧感。

成果评估

你如果不向对方表达自己的感受，界定你在双方关系中所需的底线，是无法知道对方会有什么反应的。这些年来，我接待过很多带着情感勒索者一同来做咨询的受害者，过程中，让我感到十分惊讶的是，会对改变的要求做出响应的勒索者类型，经常与我们的想象不符。有时，那些外表看来似乎脾气不太好、固执、刻薄而让我不敢抱太多期望的人，竟然非常愿意参与这种巩固双方关系的工作。相反，那些看起来友善、处事圆融的人反倒可能十分自闭，摆出防御的架势，对受害者的需求毫不关心。

积极结果

迈克尔就是一个和我预期反应完全相反的戏剧化案例。虽然丽兹担心自己向他挑明时，两人会发生冲突，但她最后却完全被真实的沟通情况震撼了。

> 我写完信之后，一直不停地想接下来应该怎么做。我是应该把信交到他手上，再离家一段时间，还是到他办公室，把信留在那里，或者只是把信放在他可以看到的地方？最后，我找到了一种最令自己安心的方法，因为我并不担心他对我产生身体伤害，所以我决定和他一起坐下来，让他听我给他读信。

> 我在读信的时候，有几次他想插话，但是信里一定有某些内容触动了他，所以他非常安静地听了下去。有一个瞬间，坐在我对面的那个人仿佛又变回了当初让我坠入爱河的样子，而不再是一个充满控制欲的施虐者。然而接下来，他开始为自己辩护，反驳我的观点："要不是你威胁要离婚，这些事也不会发生。如果不是你先那样惹我，事情怎么会走到这个地步？"我真想反驳他的话，但只是说：

"迈克尔，这件事我也有错，但我只能承担我自己的那一半责任。"

他冷静了一下，继续说："我也不愿意看见自己伤害你，但你之前为什么都不说呢？"我不是个盲目乐观的人，我知道解决事情需要一点时间，但是令人感到开心的是迈克尔同意接受咨询治疗。他那一点就炸的坏脾气是个大问题，但他已经明白那种"凡事都得听我的"的惯用手法不再有用了。

像许多情感勒索者一样，迈克尔非常惊讶丽兹竟然受到那么大的伤害，并且如此担惊受怕。我常听到那些诉诸情感勒索手段的人事后说："为什么她不告诉我？"或是："早知道我的言行会伤害他这么深，我就会在事情恶化到这个地步之前及时弥补。"这可不是搪塞之词。情感勒索者通常不会意识到自己的言行和施压手段有多让人痛苦，因为受害者都太害怕、太愤怒了，根本没有勇气告诉对方真相，而且认为说也没用。换句话说，他们喊痛喊得不够大声。

我们经常利用一些规范来约束自我的言行，例如"不要抱怨"或是"不要自怨自艾"。有些人——尤其是男性——总希望自己看起来强壮，有自信，不会轻易受伤。所以我们不习惯说出自己的感受。我们不会向对方说："你正在伤害我，请住手。"

因此，当对方惊讶于你的感受时，你也不必过于诧异。不管他们的反应为何，你都要坚持说下去，诚实地运用非防御性沟通技巧来表达感受。然后，仔细观察你提供给对方的新信息能让他们有什么改变。

仅仅道歉是不够的

就像我跟丽兹说的，在和对方坦率地沟通之后，我们只能等待时间给我们我们需要的信息了。

"我知道你现在充满希望，"我告诉她，"我也替你感到兴奋，并为迈克尔答应接受咨询而感到高兴。我希望这不只是一个短暂的蜜月期。为了确定你们之间的互动模式能步入正轨，我们需要随时评估事情的发展。"

许多时候我们会为对方刚开始的反应兴奋不已，因为对方在口头上已经同意我们的说法，我们就相信彼此间的冲突已获得解决。但很多时候我们会发现，对方会忘记承诺，进而故态复萌。虽然我们并不想成为这段关系中的看门狗或记分员，随时监视着对方，但我们仍得脚踏实地地观察事情的转变，以及对方的做法是否有助于我们达成我们决定的目标。

因此，在你看清对方有什么改变之前，即使事情已经大有进展，也别轻易进入最终环节，这一点是非常重要的。当你要决定是否继续这段关系时，别忘了给对方时间——我建议是 30 到 60 天——以观察对方的言行。某些人只是会说："我感到很抱歉，咱们别再讨论这件事了吧！"这样是不够的。

那到底要怎样才够呢？

一、他们曾经利用恐惧感、责任感和罪恶感等手段来要挟你达成他们的目标，他们必须对此负责。

二、认识到有其他方法可以让他们表达想法，而他们也愿意学习那些方法。

三、承认他们的伎俩对你缺乏关爱，造成了你的痛苦。

四、同意和你一起努力，使彼此关系更健康。另外，一旦发现你们仍无法解决彼此之间的问题时，愿意立刻寻求外界协助。

五、认为你有权利表达和他们不同的想法和感觉，做出不同的行为，并认为这些不同并不意味着"错误"或"不好"。

六、承诺放弃过去让你产生恐惧感、责任感和罪恶感的惯用伎俩。例如，不再拿你跟别人做消极比较，不再威胁说你不同意自己就要离开，不再刺激你产生罪恶感等。

改变过去的积习——包括情感勒索者和你自己的——必须花上一段时间，也要付出不少努力。你要给自己和对方多一点时间。

你会更强韧

告诉对方"我就是这样的，这就是我想要的"实在是一件令人恐惧的事。当我们要求对方选择是否接受我们做的决定、承认我们彼此的差异时，展示出真实的自我以及自我完整性则更令人恐惧。我们会觉得自己的行为像在给对方下命令，但是别忘了，我们提出的要求是完全合理的：我们希望对方不要再控制我们，更何况，我们的要求并不会伤害任何人。

许多人会先选择不宣布自己的决定，因为担心会有不好的结果产生。但是请你先后退一步问问自己，最糟的状况是什么？通常，最糟的是你们的关系会分崩离析，但是你如果不赶快为自己争取权益，分崩离析的会是你自己。一段时间之后，你就会越来越不清楚真实的自我和需求，会忘记自己的信念——到时候，你会像一具行尸走肉。

假如为了维系一段关系，你只能让情感勒索者不断予取予求，那么你就必须问问自己，这种关系中到底有什么值得你付出自己的幸福来换取。如果对方不希望看到你变得更坚强、更健康、更自信，那你极力维持的这段关系本质上是什么？它建立在什么基础上？

在本章中，我们看到了一些渐入佳境的亲密关系，还有一些最后不得不结束的关系。但在每个案例中，受害者都能摆脱情感勒索，更坚定地维护高贵、无价的自我完整性。当你刚尝试改变时，的确没人可以预料到会发生什么事，但我可以向你保证，一旦你使用这些策略勇敢地面对情感勒索者，而不是选择屈服或逃避，不管结果如何，你都会成为一个更强韧、更健康的人。

第十一章

冲出迷雾

如果你已经开始运用我在上一章提到的方法，你就已经踏上了沟通与表达的道路了。现在，我就要告诉你如何摆脱情绪键的控制。

你可能已经有过成功抵抗对方施压的经验，并发现彼此关系也在因此发生变化。你重新获得了完整自我，并因此尝到了满足感，体会到了自己的力量。然而，你应该也注意到，过去熟悉的恐惧感、责任感与罪恶感，依然对你有着很大的影响力。这就像在旧房的地基上建起一座明亮的新屋，但那些不愉快的情绪与感觉，像住在地下室里的旧房客一样不肯离去。

其实，这也没什么好烦恼的，毕竟，感觉这东西不是想改变就能马上改变的，况且这些不舒服的感觉已经跟着我们很长一段时间了。它们花了很多年才变成你的情绪键，要摆脱它们，你自然也需要经历一场恶战。这是一场你必须获胜的战役。现在，我要告诉你一个最直接、最有效的方法，帮助你消除让你容易陷入情感勒索的痛苦与负面情绪。

请注意，虽然我提出的大部分策略中都采用了其他咨询者的案例，但是所有练习、角色扮演、家庭作业和可视化想象都需要你自己亲自完成，才有成效。

面对旧感觉，做出新回应

对于熟悉我其他作品的读者来说，我在这章中提出的建议可能会让你们感到惊讶，因为这次和往常不同，我没有让你回顾过去导致你脆弱情绪产生的经历，反而将注意力放在你要如何改变对这些经历的反应上。当然，人人心中都有过去的印记，大部分人至少都还记得当初受到的伤害有多大，以及是谁伤害了自己。因此，只要我们对自己做过研究，都能明确情绪上的弱点对我们人际交往产生的影响。

某些人之所以在面对情感勒索时毫无抵抗力，是因为他们"喜欢"受伤。我们经常自我破坏，用让步来面对情感勒索，以此来避免消极情绪，而不是学着去控制它们。这就像是扭伤脚踝的人在康复后还是会单腿行走，因为害怕如果像以前一样正常行走，可能还会感到疼痛。我将帮你做到的是，专注于当下，应对当前唤起你旧情绪的人，学会对这些旧情绪做出新反应。

请注意，在开始前我要再强调一次，如果你有以下状况，请务必寻求专家的帮助。如果周期性抑郁、极端焦虑、身体虐待或是童年时期身体、性和精神虐待的后遗症正困扰着你，有很多药物或心理疗法能帮助你，并无须投入过多精力与金钱。短期的互动心理疗法、新的抗抑郁药物疗法、支持性团体、互助会、个人成长研讨班等方式也让过去的传统心理疗法焕然一新，能为真正有需要的人提供帮助。

从感觉开始

你很可能知道自己在情绪键被触发时会有什么反应。也许你习惯取悦他人；或许你读到了所谓的阿特拉斯综合征，并觉得那很符合自己；或许你对愤怒避之唯恐不及。因此，在开始采取拨云见日的行动之前，你需要先明确自己对什么因素最敏感。你可以参考以下列表。

我会屈服在某人的压力之下，是因为：

- 我怕他们的责难。
- 我怕他们生气。
- 我怕他们不再喜欢（或爱）我，甚至会离开我。

- 这是我欠他们的。

- 他们为我牺牲了那么多，我不能拒绝他们的要求。

- 这是我的责任。

- 我如果不答应他们，会觉得十分内疚。

- 我如果不答应他们，就是个自私 / 不体贴 / 贪心 / 吝啬的人。

- 我如果不答应他们，就不是个好人。

　　你可以在以上的描述中发现，前三条是关于恐惧感的，中间三条是关于责任感的，而最后三条则与罪恶感有关。在这些描述当中，可能有大部分或甚至全部都符合你的情况，对伊芙来说也是如此。她怕如果自己尝试摆脱艾略特令人窒息的纠缠，就会受到责难。因为艾略特提供她住处和日常花费，所以她有与艾略特共同生活的责任感。离开他的想法会让她被罪恶感吞没。

　　对另一些人来说，虽然上述三种感觉有重合之处，但某种情绪是决定性的。举例来说，丽兹对迈克尔并没有责任感或罪恶感，但她却非常害怕他的怒火。以上几点可以帮助你找出哪个情绪键最能引起你的反应，以及为了让改变持久，三种感觉中的哪个或哪些是你必须努力应对的。

解除恐惧键

　　恐惧是让人类得以生存的基本机制，它可以帮助我们远离危险，它既有本能的成分，也可以通过经历危险习得。假如有两位蒙面歹徒命令你交出身上财物，你应该会感到恐惧；假如你的配偶威胁一旦你离开，就要把孩子带走，你也会感到恐惧。

　　但是，我们在情感勒索中所感受到的大部分恐惧情绪，却是源于那些不一定存在的危险。情感勒索者在我们周围操控着这些恐惧感，将其放大，让悲惨的画面在我们脑中如滚雪球般不断变大，让我们以为这些事真会发生。所以你必须采取行动，避开这些预期将到来的情绪打击。我们要训练自己在卷入恐惧时，不往最坏的方向去想，而想到积极的选项。虽然你曾被想象力打败，但现在，你可以将它转化为助力。

对不受认可的恐惧

这种恐惧听起来似乎不算很严重，但相信我，对许多人而言，这种情绪相当令人苦恼。对无法获得赞同的恐惧，可远不止因为别人挑剔你说的话或做的事就丧失信心这么简单，因为这种恐惧与我们的自我价值感紧密相关。如果你是以别人的赞同或责难来评判自我价值的，那么只要一引起别人的不悦，你就一定会责怪自己，认为根本原因出在自己身上。

每个人都希望得到别人的赞美和支持，有时这些甚至是不可缺少的基本需求。许多年前，在我还没有回校读书并成为心理治疗师之前，我的职业是一名演员，我特别喜欢自己的努力得到观众掌声和赞许的时刻，而一旦得不到这些，我的心情会一下子跌入谷底。我以前总根据别人的回应来判断自己究竟做得好不好，但年纪稍长之后，我才发现一件最棒的事：我一生冒过很多次险，只要我能保持极高的自我完整性，我便能忍耐别人不赞同的沉默甚至尖锐的批评。

我知道，当你重视的人说你做得不对时，想保持自我完整性不那么容易，但绝不是不可能的事。

经过莎拉的提醒之后，弗兰克才了解到自己总是利用一些小测试来赋予莎拉跟他结婚的权利，沟通使他们之间的关系逐渐获得改善。

我们之间的沟通虽然很有帮助，但我仍然摆脱不掉恐惧感的阴影，只有他表示赞成，我才会认可自己和自己的决定。虽然我曾经试着告诉自己要克服这个难题、表现成熟些，却都没有用。我不想像我母亲那样过完一生——没有父亲的允许，她甚至连街道都不敢过。

重获勇气

要让自己不再恐惧他人的不认可，你必须了解自身的价值，你要明确你的观念中哪些是真正属于你的，哪些是外部力量强加给你的。这意味着你清楚自己重视自身的哪些品质，并有勇气与责难对抗，坚持自己的信念与渴求。

莎拉兴奋地告诉我她训练自己重新获得勇气的经过。

你要我想想自己最好的品质，我觉得自己最大的优点就是朝气蓬勃以及乐于面对挑战。我的工作就是我展现这些品质的舞台，我不用激励自己，就有拓展业务的动力。我爱弗兰克，但他不是我的全部。所以我告诉他，如果他愿意考虑一下，他会发现我在做我真正喜欢的事时才是最有魅力的。他低声抱怨了几句，但我继续使用非防御性沟通技巧，让他知道我心意已决，后来他逐渐接受了我的改变。我像过圣诞节一样快乐！

伊芙的情况则和莎拉不同。莎拉有成功的事业与稳固的人际关系，伊芙则必须面对许多未知数——包括重建自己的生活——但她也开始学着克服面对别人的不赞同时的恐惧感。

过去，别人一骂我"你这个冷酷的女人""你真无情""看你做的蠢事""你的脑子不会好了"，我就受不了。但现在我不会再担心别人怎么想了，因为世界上每个人的想法都不尽相同——有些人甚至认为犹太人根本没经历过大屠杀呢。

与不被赞同的恐惧相对的是，你可以自由想象并追求一种真正属于自己的人生。这并不容易，但只要下定决心像莎拉与伊芙那样掌控自己的人生，你就在改造人生的路上迈进了一大步。这是对你而言最好的生活方式，别人怎么想、怎么说都不会影响你，你了解并相信这一点。你这样做以后，就会发现自己逐渐摆脱了对他人赞同的渴求。

对愤怒的恐惧

迈克尔的确遵守诺言，将愤怒控制得很好，但是丽兹不久之后便发现需要控制情绪的不只是迈克尔自己。

> 有天晚上，迈克尔被孩子丢在地上的玩具绊倒，他便开始大声咒骂。当时我虽然在另一个房间，他也没有对着我大喊大叫，但光是听到他的声音，我的心跳就加速了。他很努力试着改善自己的情绪，而我也认为一旦他能控制住脾气，一切都会好转，不过我还是十分敏感……我不想一辈子都活在只要别人一提高音量我就开始恐慌的阴影里。

丽兹并不担心迈克尔会打她或伤害她，他只会对她采取言语暴力，而她也坚持迈克尔的行为仅止于此。然而，究竟是什么原因让她产生如此强烈的心理反应呢？

我问了她三个问题：

> 一、你在害怕什么？
> 二、最糟糕的情况会是什么？
> 三、你觉得可能会发生什么事？

她说：

我猜，我怕他会失去控制并弃我而去。理由很难解释，但是从两年前开始，我就一直有这种感觉。当他生气时，我就像被卷入一团热气里，逐渐遭到吞噬……

迈克尔的大吼大叫让丽兹回到了过去的岁月，她不再是 35 岁的成年人，而成了一个被怒吼声吓坏的小女孩。这没什么好奇怪的，因为丽兹成长于一个不安定的家庭，怒吼声告诉她她需要赶紧躲起来。就像许多情感勒索者的受害者一样，她也倾向平息或避免愤怒的方式，于是便让过去的经历与现实状况混为一谈。我告诉丽兹，她可以找个适当的时机告诉父亲和哥哥自己从前有多害怕。但是现在，我们则要将重点放在迈克尔的"错误举止"上。

没有人教过我们该如何应对别人的愤怒，因此我们所知的反应方式相当有限。第一步，你可以在吼叫的人暂停时唤起他们的注意："我不喜欢别人对我大吼大叫，下次你再这样对我大声咆哮，我就离开这个房间。"如此，你就采取了一种强势的立场，突出了自己的原则。你需要贯彻你说过的话，别人才会把你的话当真。

在从争吵中抽身的同时，你可以坚定、清楚地说出以下任何一句话："不要这样！""别闹了！"或是我个人最爱用的："住口！"丽兹讶异地看着我："我真的可以这样做吗？"

"当然。"我告诉她，"我说可以就可以。"

我们会因为别人吼叫得越来越大声，就开始想象他们可能会失去控制而诉诸暴力。（如果你真的害怕别人会伤害你，你们这段关系也没有维持下去的必要了。）但大部分人可能都没有想象过，如果以更有力、更自信的态度回应会怎样？当你努力摆脱一个恐惧的小女孩或小男孩的角色，以一个成年人的身份行事时，你就能逐渐克服对愤怒的恐惧，不再因此而妥协。

改写历史

有一种训练可以有效地帮助情感勒索中的受害者，让他们更有自信地应对对方的愤怒，那就是对最近一次因为害怕而屈服的情境进行重演。

闭上你的眼睛，在脑中重复一次他们说过的话，然后想想自己说了什么：当时的不安、加速的心脏、软弱无力的双腿，还有你灾难般的想象——他们即将控制不住自己的愤怒，就要对你造成伤害。

现在让画面重播一次，但这次，你看到对方的怒气膨胀之际，请将画面做些改变。你要坚定而清楚地说："不！这次我不会让步的。不要再给我压力了！"重复这些话，直到他们被说服为止。大部分的人一开始都不太有把握，但你要听听自己的话中的力量，感受一下自己有多坚强。是的，你是可以说出这些话的，这些话也会给你力量。

只要你喜欢，可以随时把生活中许多情感勒索的场景改写成你想要的样子。释放你的想象力，去体会一下更有力量的感觉。这种练习对曾经面对施暴者的受害者格外重要，因为他们是最让人感到恐惧的类型，恐惧是他们操控受害者的工具。

扮演情感勒索者

丽兹说："我会这么害怕愤怒，是因为当我感受到这股情绪时，生气的那个人仿佛消失了——迈克尔不见了，只剩下喊叫声与愤怒。"

我要她扮演大吼大叫的迈克尔，让我见识一下他最糟糕的样子。

她说："你在开玩笑吧？我做不到。"

"抛开自我意识，试着做做看，或许会发现一些有趣的事情。站在他们的立场去想事情，可以让我们更清楚他们的思考模式。"我说。

丽兹犹豫了一会儿，经过一阵摸索，她逐渐接近了迈克尔的情绪状态。

　　如果你敢离开我，就等着看会发生什么事吧！我不许你破坏这个家庭！如果你敢做，我一定会让你后悔的。你不但拿不到半毛钱，也永远别想再见孩子了，听清楚了吗？

丽兹停下来后，静默了一阵子。然后她说：

> 这真是太奇怪了！说这些话完全没让我觉得更有力量，相反，我只感到恐惧和无助，仿佛有人要夺走我最宝贝的东西，而大吼大叫是唯一能让我不哭出来的方法。我觉得自己像个生气的小孩，不知道该说什么，所以只能制造噪音。

如果你的情感勒索者喜欢生闷气，你可以试着进入他们那种模式，看看自己能感觉到什么。看看你能否明确自己对愤怒的恐惧程度，以及是否有很强的无力感。

无论你描述的愤怒是什么样的，你都会发现那些外表看来十分强势的人，事实上却是情绪上的懦夫——那些喜欢欺凌他人的人也是一样。拥有自信和安全感的人不用靠向别人施压来达到目标或证明自己有多强势，这个道理你可能已经知道了，但唯有"变成"那些人时，你才能从身体和情绪上真正感受到这个事实。

不论你最后是否要继续和这个人相处，为了学会应对愤怒，你都需要有这种认知。大吼大叫的施暴者和闷不吭声闹情绪的人，其实内心都是恐惧的小孩而已。这么想虽然不会让你对他们更宽容，却能让你对他们的恐惧大幅减少。

害怕改变

没有人喜欢在生活上做重大改变。熟悉的事物让我们感觉自在，即使是会让我们生活一团糟的旧事物，至少还能让我们知道自己需要付出什么，又能得到什么。

虽然玛丽亚离开杰的决心已定，但她也害怕未来未知的一切。

我很害怕，苏珊。我怕作为一个离婚女人再次进入外面的世界，我害怕这种痛苦和悲伤的感觉，也害怕不确定感。我害怕一切又要重头来过，害怕自己无法让孩子有安全感，毕竟只有我们相依为命了。我害怕别人会怎么想——认为这一切都是我的错，我明明有了一切，却把它们都抛弃了。这一切都诱惑我打消离婚的念头，回到过去的不快乐中，至少我知道要怎么过那种生活。

　　玛丽亚在扮演妻子与母亲的角色这方面已经是专家了，她知道在熟悉的家庭环境中该怎么表现，但那种稳定、舒适感正是问题所在，这种感觉令她无法放弃。我们试图在生活上做出重大改变时，几乎都会感受到相当程度的痛苦——就是这种感觉让情感勒索者达到目的。因此，许多人都会选择维持旧有的行为模式，并抓着一段有害关系不放，以缓和面前的焦虑和不安感。

　　我告诉玛丽亚，自己也曾经因为和她一样的恐惧，而让一段早该结束的婚姻持续了很久。

　　她说："真高兴听到你这样说，我至少知道自己不是怪人了。"

　　害怕改变的感觉是很普遍的，情感勒索者也常利用这种恐惧说出这些话：

- 离开我，你会非常孤单。
- 等到你后悔就来不及了。
- 单身女子在外面讨生活是很不容易的事。
- 你怎能让孩子经历这种痛苦？
- 你只是没有想清楚，你根本不知道自己想要什么。
- 看看那些离婚者的悲惨下场吧！

　　知道自己对这点感到恐惧没什么问题，但即使你真的害怕，也要再三明确自己要改变的决心。你可以这样说："或许你是对的，我也知道离婚后的生活并不容易，但我还是坚持要离婚。"或者可以只说："感谢你的关心。"不再继续讨论这个话题。如果对方一再渲染未来的不幸，给你泼冷水，就以非防御性沟通的方式告诉他们："我不想再谈这件事了。"记住，你和他们一样，有权力决定要不要谈论这件事。

当你决定离开生命中重要的人时，你会面临情绪的强烈震荡和不安感的危机，但危机并不仅仅意味着危险，如果你能理智、勇敢地应对危机，你可以实现自我成长，迈向更好的生活。

此时，也是和一群有相同经验的人共同讨论的最佳时机。试着问问朋友或值得信赖的人，让他们推荐一些他们曾经从中受益的课程。你不需要独自承担这一切，但你必须确定你求助的团体能提供实际的治疗方法，而不是一个让成员互相比较谁更惨的宣泄平台。周围的这些支持力量，能在人生最低落的时候给予彼此强大的疗愈力量，帮助彼此重建自信心，让人生的改变成为一种挑战，而非一个敌人。

害怕被遗弃

害怕被遗弃可能是所有恐惧之源。有些专家认为这种情绪早已存在于我们的基因之中，而且是其他恐惧的起源，导致了对他人的不认可以及愤怒的恐惧。到底恐惧是来自于本能，是习得的，还是两者相互影响的结果，我认为都不重要，关键是我们都能感受到它。有些人可以处理得很好，有些人的恐惧则非常深。当被遗弃的恐惧使我们不断屈服，我们就等于在不断说着："只要你不离开我，我愿意做任何事。"

杰夫答应下次不会在争执后又离家不知去向，这让琳恩觉得很安心。但她害怕被遗弃的恐惧已经跟随她好几年，并不会一夜之间消失。

> 我完全被困住了。如果有人对我生气，我就会怀疑他们要离开我，只能照着他们的要求去做。我知道这很懦弱，但我不在乎。

从"你在对我生气"到"你会永远离开我"，是不合逻辑的巨大跳跃。不过负面思考通常就是不合逻辑的，而且很容易扩大，使得普通的分歧成为恐惧的无底洞。

如果，你也像琳恩一样被卷入灾难式想象的漩涡中，逃离的最佳方法之一，就是主动缩减投入这种想象的时间及注意力。

限时思考法

下一周，你可以拨出一点时间，专注于你担心被遗弃的想法。打开你的末日机关，让那些可怕的影像倾泻而出。但这里有个秘诀：你必须定一个计时器，把产出负面想法的时间定在5分钟。

这样的练习只需一天做一次。把这段时间当成你的"焦虑时间"，5分钟一到，立刻赶走这些想法，就像赶走你不欢迎的客人一样。如果这些想法在同一天之内再度出现，就告诉它们："你们今天的时间已经结束了，明天再来吧。"然后，逐渐减少时间，到第五天只留下1分钟。我知道这听起来太简单了，但请记住，不论感觉有多稍纵即逝，都是想法导致的，因为我们给予了恐惧过多的关注，它才得以像野草般增生。这种"限时思考法"可以从根本上打破你这种负面思考—感受—行为的循环，让你重新取得主导权。

黑洞

我们利用限时思考法帮助琳恩远离了负面情绪的漩涡，但她仍然没有克服被自己称为"黑洞"的恐惧。如果杰夫离开她，她就会掉进这个黑洞，永远都出不来了。琳恩并不是第一个使用这个名词的人，我从许多害怕被遗弃的人们口中听过这个词，它似乎成了某些人想象中的地狱。

自琳恩有记忆以来，黑洞的概念就一直困扰着她。她非常熟悉围绕着黑洞的恐惧感，一点也不想跨过门槛，进入其中。但我告诉她，她要做的就是走进黑洞。

"我不知道我能不能做到。"她迟疑地说。

"今天不做，要等到什么时候？"我对她说，"我要你握住我的手，跟我一起走进黑洞，你在里面看到了什么？"

"这里很黑，非常冷。我跟外界断绝了联系，在这个与世隔绝的地方，没人可以跟我说话。我完全脱离了社会，没人陪伴的日子真是漫长……四周的墙壁把我困在这里……没有人爱我、关心我，甚至没有人知道我的存在。"

如果不向勒索者屈服，就只能掉进琳恩描述的那个荒凉、压抑的地方，谁会选择不屈服呢？但如果你的情绪好坏全取决于一个对象，自然很容易被对方操纵。

"好了，"我对琳恩说，"是你把我带进来的，现在我要你找一条路出去。"

"是啊，"琳恩说，"好像我只要挥挥魔杖，恐怖就会消失了。"

"你可以离开这里，你知道的。"

"只有杰夫可以救我出去。"她回答道。

"不，你得自己来，否则是没有意义的。我不是说杰夫对你不重要，但他只是增加你生命意义的一个因素罢了。我们来做点创造性的思考。对你而言，'黑洞'的反面是什么？"

琳恩闭上眼睛说："我想起生命中我关心的其他人——我的亲人、朋友、一些人很好的同事，还有我喜欢做的一些事。等等，我想起某个特别的一天。大概在我12岁的时候，爸爸为我买了第一匹小马——一匹漂亮的巴洛米诺马。我几乎不敢相信！它是完全属于我的！我记得那天的干草味与阳光照在脸上的感觉……我想那是我此生最接近百分之百快乐的时刻。"

"现在，只要你感到惊慌，都可以回到那个美好的地方，"我对她说，"你可以选择在任何时间找回所有感官的愉悦和兴奋。你有丈夫和许多爱你的人，还有一份好工作，还有深刻感受事物的能力，你的条件多好啊！你瞧，你自己找到离开黑洞的路了！"

像琳恩这种想象的方式，是每个人在感到害怕时都可以做的。坐下来，闭上眼睛，深呼吸四五次，想想你生命中最棒的一天。这一天可能来自无忧无虑的孩童时期，也可以是重回某个让你敏锐地感受到浪漫气息与美景的地方。用那一天来充实你的心灵与身体，充分感受景色、声音、风的感觉、花朵的芬芳或刚剪过的草坪的气味，让自己完全沉浸在那一天里，直到这些回忆让你平静下来。记住，你随时可以用这个方法，让光照进黑洞。

我们在童年时害怕被遗弃，是因为我们独自一人无法生存，在爱情关系中害怕被遗弃的感觉，不过是这种童年感受的成人版。不幸的是，很多成年人仍然相信，如果他们依赖的那个人离开，自己的心会死去。然而，这个黑洞其实只存在于想象里，是伪装成真实的谎言。

这些会带给我们快乐的珍贵关系和体验，在我们害怕时能滋润我们的心灵。这些人、事、物存在于现实生活中，但也能通过回忆与想象随时提取。如果恐惧像一条黑暗的河流穿过你的身体，你能在黑暗中找到这一块块垫脚石，帮助自己跨越它。

解除责任键

我多希望有人能像政府颁布税法一样，给我们定下有关责任与义务的规定。如果有一个公式能够算出我们到底亏欠别人多少，我们就不用一天到晚思考这个问题了，这样生活岂不是更简单？如果能清楚多少是多，多少算少，多少才有用，多少反而有害，并能在自己对他人的责任和对自己最基本、最重要的责任之间取得平衡，那该有多好。

责任感不是与生俱来的，而是从父母身上和学校里学到的，在宗教、政治以及文化等方面的影响下产生的。让情况变得更复杂的是，我们会在生活中不断补充新的评判标准。过去，我们在很多年里提倡自我牺牲和利他主义；接着，"我一代"来了，名言是"只做自己的事"；后来，强调同理心的行为模式复苏了。不同行为模式的更迭让人们无所适从。

很难说我们关于自身责任的信念是什么时候产生的，而且长期看来，我们也不需要知道这点。重要的是，我们拥有这些信念，而其中有些让我们容易陷入情感勒索的泥淖。如果你的信念是绝对要把别人的需求摆在你的自身需求之前，或者你会在身体、头脑、情绪、精神和经济方面为他人付出一切，而总是最后考虑到自己，那么你就该审视并改变你长久以来秉持的信念了。

"凭什么"

要想改变那些让你心情沮丧或压力沉重的信念，最好的方法就是先把它们一五一十地写下来。你可以先列出别人对你的一些期望，以下是一些建议。

———— 认为 / 希望 / 要求我做到以下几点：

- 我要放下手头的一切去帮助他们。
- 只要他们一有需要，我随叫随到。
- 我要照顾他们的身体，关心他们的情绪，给他们钱。
- 在假期或闲暇时间，我必须完全让他们决定做什么。
- 无论我自己感觉如何，我都会花时间倾听他们的问题。
- 我总会想办法为他们解决问题。
- 我得把自己的工作、兴趣、朋友以及活动放在最后。
- 即使他们让我感到痛苦，我也不会离开。

现在，请重写这些句子，在前面加上"凭什么"几个大字。请注意看，"凭什么我不能好好享受自己的假期，而要陪我丈夫的家人"与"我丈夫希望我假日都去陪他家人"这两种说法在视觉、听觉和感觉上有多大的差异。凭什么别人的需求都比你的重要？凭什么你要牺牲自己的幸福去照顾吹毛求疵的父母？他／她明明可以自己照顾自己。凭什么？这些看似不变的规则让你花上对待自己两倍有余的精力去照顾他人的需要，可它们并没有任何依据，只有当你认为自己应该遵循某些行为准则的情况下，它们才会牢牢刻在你的心里。

解开自我束缚

凯伦一直有这样的观念："我欠女儿太多了，她会这么痛苦，都是我的错。"她花了很大努力才摆脱它。她不仅要在情感，还要从理智的层面上重新定义自己的责任。

凯伦扮演了法官和陪审团的角色，将自己宣判入狱，却只是为了一项她根本没犯下的罪——一场夺走她丈夫生命的车祸。我要求她先看看"灾祸"在字典里的定义。

"灾祸指的是'无法预知、不可预期的，以及……'"她停了一下，我看到她眼中泛着泪光，"'非蓄意的！'"

"没错，"我说，"非蓄意的。"我要她之后经常对自己说这个词。凯伦并不想让这件可怕的事发生，而且这件事也不是她计划的，她跟这场车祸根本毫无关系。我告诉她，除了那些被判终身监禁并无法假释的杀人犯之外，每个罪犯都有出狱的一天，为什么她还继续把自己困在"监狱"里呢？

我知道凯伦的精神生活十分丰富，她会定期参加一些研习会，上些瑜伽课程，每天都会做冥想。但即使如此，凯伦仍无法跨过自我原谅的门槛。

我要凯伦想象出一位能帮她脱离"责任监狱"的人物。"我不认为自己能扮演上帝，但我相信周围有一位守护天使在保护着我——我可以试着扮演她。"

"很好，"我说，"现在你就是那位守护天使。请将凯伦放在你面前的空椅子上，将她带出那座令人不安的监狱，永远别再回来。我想请你先从'我原谅你'说起。"

凯伦一开始说话，眼中的泪水便沿着脸颊滑落。

> 我原谅你，凯伦。你不用为皮特的死负任何责任。那是个意外。你是个好妈妈，一直保护、疼爱着两个孩子。你也是一个好女儿和一名尽责的护士。你一直很关心别人，但是现在到了该关心自己的时候了。我原谅你，亲爱的，我原谅你，我原谅你。

这是凯伦没有机会对自己说的话，但通过守护天使之口，她终于获得了梦寐以求的认可与解脱。你也可以试试这个练习。如果守护天使对你不管用，你可以试着扮演在你生命中占有重要地位的某个人。重要的是，你得把焦点放在把你困在"责任监狱"中的事情上，并让自己得以脱身。

这次咨询课程对凯伦来说是一个很重要的转折点。在一小时的课程即将结束时，她说："所以，凭什么我女儿想买房子，我就必须立刻拿出我的退休金来？"

我告诉凯伦，如果她有这个能力，愿意在经济上提供梅兰妮一些帮助，并且是出于爱与慷慨而非对受到女儿责难的恐惧，那当然很好。她承认梅兰妮需要的 5 000 美元对现阶段的她来说负担实在太重，但如果是 1 500 美元，她还是愿意帮忙的。

"如果梅兰妮抱怨怎么办？"我问她。

凯伦笑了笑，接着深深地吸了口气："她以前就抱怨过了，而且我相信以后她还是会喋喋不休。但我会对她说，我只能帮她这么多，如果她想怪谁，就怪苏珊吧，是她让我改变的。"

人会成长和进步，但他们秉持的信念有时候并不会随之改变。你和凯伦一样，她有权作为一个成年人来选择接受某些信念，而不是坚持过去有人向她灌输的那些。

付出的极限

伊芙知道自己必须离开艾略特，但迟迟无法采取行动。

> 他很需要我。我愿意为他做任何事，而且我真的欠他太多了。
> 总之，我就是无法离开家门一步。

这位可爱、聪慧的女性已经为艾略特牺牲很多了，如果说她的心理是一个余额所剩无几的银行账户，那么她已经依靠一张透支的情绪信用卡生活了太久。她不再联系朋友，没有任何兴趣活动，抛弃了职业抱负，生活完全以艾略特为中心，她的世界越来越狭窄了。

你拥有的资源越多，能付出的就越多，道理就是这么简单。如果你的生活十分丰富，有你爱的人和爱你的人、情感和职业上的满足感、朋友、爱好和充足的金钱，你就能在不损害自身幸福的前提下付出。相反，如果你正面临离婚、工作不顺、入不敷出的困境，要你付出一大堆时间和精力来满足别人的需求，就太强人所难了。要学会合理付出的确不容易，但事实就是，如果你都泥菩萨过江——自身难保了，又怎么能对别人伸出援手呢？

解除罪恶键

我们很难分辨真正的罪恶感和他人故意煽动的罪恶感，罪恶键就是在这一点上做文章的。我们深信，如果我们有罪恶感，一定是因为我们做了坏事。

艾伦平静地和朱沟通之后，与她达成了独自出差的协议，然而好心情只持续了5分钟，他立刻陷入一个两难境地。在坚持认为这个决定正确的同时，他也对婚姻关系中这么大的改变感到十分不习惯。

> 我知道朱愿意留在家里，而且她看起来也没有很不高兴，但我就是有罪恶感。我可以想象她一个人在家时的画面——蜷缩在电视机前的沙发上，一边哭，一边犹如惊弓之鸟般地留心听着每一个声响。我的罪恶感是有原因的，苏珊，我可能有很多缺点，但绝不是个会让妻子伤心的男人。

我告诉艾伦，回答下列几个问题之后，他就会知道自己的罪恶感是不是过火了。我问他：

- 你的所作所为是否出于恶意？
- 你的所作所为是否非常残忍？
- 你的所作所为是否在虐待对方？
- 你的所作所为是否有侮辱性、贬损性？
- 你的所作所为是否对对方造成了实质伤害？

如果你对上述任何一条的答案是肯定的，只要罪恶感让你觉得悔恨却不是自我厌恶的话，你的罪恶感还在合理范围内。尊重你的自我完整性，意味着你要对自己的行为负责并做出弥补，而不是认为自己罪大恶极。

但如果你像艾伦一样，在做对自己有利的事，也尽量不伤害到别人，你的罪恶感就是不合理的，需要进行处理。勇敢面对这股罪恶感，是刻不容缓的任务，否则它就会像壁纸一样，始终在我们的生活中充当背景。

艾伦对以上问题的答案全部是否定的。但他为了去旧金山出差而把朱一个人丢在家里这件事仍然让他内心充满了矛盾情绪。

第一晚是最难熬的。我害怕的事果然发生了，当我们那晚通电话时，她哭了。我第一个念头就是帮她想一堆她能做的事，比如去找朋友玩、出去走走或是去看看家人。但是我知道唯一能帮助她的方法就是，不再告诉她她可以做什么，让她自己找到答案。所以，我告诉她，我很想她，一切都很顺利，我明晚会再打电话给她。

第二天对我来说是个重要的转折点。当我打电话给朱的时候，她竟然不在家，这让我很担心，于是我留了言。她回电的时候说，她和朋友琳达一起去看电影了。她听起来心情不错，也证明了我之前的担心真是庸人自扰。那一个星期中，朱的心情虽然有些起起伏伏，但她找到了一些可以做的事，很好地克服了困难。这一切并不容易，但我们总算挺过来了。下一次再有类似的旅行，我们会轻松很多。

无论何时，只要你像艾伦那样感到罪恶，都可以用我之前提出的那5个问题扪心自问一番，也许就能找到症结所在。拥有健全心智的人会产生与自己的行为相配的罪恶感。如果你跟好友的配偶发生外遇，你应该有罪恶感，以上5个问题的目的并不是为犯罪行为脱罪。但你如果只是烤焦了吐司，或是建议别人看了一部大烂片，根本不用如何自责，何况现在的情况只是你在努力丰富自己的生活，哪怕情感勒索者不希望看到你这么做。

观点，而非事实

我们周围的情感勒索者不会分辨罪恶感的程度。无论事情是大是小，他们都会推给我们同样严重的罪责，而我们更是大开其门，让罪恶感长驱直入。

蕾已经告诉母亲，她用表妹来跟她做消极比较，对她造成了很大的伤害，她母亲似乎也接受了这个意见。然而，江山易改，本性难移，只要蕾的母亲无法如愿，她就会对蕾施加另一种形式的压力。

母亲要我在这个周末跟她一起去圣迭戈拜访我弟弟一家人。但我这个周末有个约会，还准备去看场戏，所以不可能陪她去。于是我告诉母亲，她已经不是小孩子了，应该可以自己去，或者——我知道这样很不孝——我建议她可以找卡洛琳一起去。这次她倒没有又把我跟卡洛琳比较一番，不过她换了个方法："我猜你太忙了没时间陪我，你只关心自己的生活，根本不管别人。我真不敢相信你竟然变成这样了！"我知道她想用苦肉计逼我让步，但我还是觉得有罪恶感——虽然没有以前严重，但还是超过了我的心理限度。我甚至想过取消约会，把戏票也送给别人算了，不过我并没有这么做，我猜自己多少有点进步了。

这当然是一次进步。在巨大的压力之下，蕾还是坚持了自己的决定，但像许多人一样，她并没有认识到这次进步之大，因为她希望自己的感受能迅速改变，这是不可能的。如果她想加速消除不合理的罪恶感，就必须学会分辨她母亲给她贴的消极标签与事实间的差别。

我请蕾列出这些年来，她母亲对她生气时会使用的一些最苛刻的评价。以下是蕾列表的一部分。

- 不体贴
- 自私
- 粗心
- 笨手笨脚
- 顽固
- 吝啬
- 不讲理
- 粗鲁

棍棒或石头这些坚硬的东西也许会伤害我们的身体，但上面这些批判如果从亲密的人口中说出，会极大地伤害我们的感情。然而，这些形容根本不是事实，只是某人的个人意见而已。我们经常为情感勒索者镀上一层智慧的金，认为他们比我们自己更了解我们，因此只要被他们贴上了负面标签，这些对自我的偏颇判断都会被我们自己当真，如果以前也有人这么说过，我们更会深信不疑。因此，我们把情感勒索者的意见都当成了事实。"你真自私"被解读为"我很自私"，这就像说一个小孩"你是个坏孩子"，他就会把这个信息内化成"我是个坏孩子"。

为了帮助蕾分辨事实与观点，我请她把列表中的每一项后面都加上一行字："个人观点，与事实不符！"于是，整张表就成了这样。

- 不体贴：个人观点，与事实不符！
- 自私：个人观点，与事实不符！
- 粗心：个人观点，与事实不符！

我知道你看懂了，但重要的是，要彻底理解这个概念。

当然，有时候我们可能的确不太体贴或太过粗心，因此需要判断对方的指控是否属实。前面我要艾伦回答的那些问题，可以帮助你明确这方面的情况。很显然，大部分的指责都只是对方发自偏见的一面之词，是为他们的计划服务的。如果像蕾这样，情感勒索者是自己的父母，情况将更棘手，因为我们小时候一直认为他们一定是对的。读到这里，你已经了解情感勒索者的行为都是出于恐惧与挫败感，而他们口中你的缺点，通常在他们身上也找得到。于是，他们便把这些缺点投射在你身上，希望你能承认。现在，就让我们把原本就属于情感勒索者的问题全数归还给他们。

退回寄件人

在潜意识层面上，一些象征性仪式有很大的影响力。我工作中最令人兴奋的部分，就是创造出一些简单的仪式，来帮助病人用有趣的新方式勇敢地面对心中的恶魔。以下就是帮助你消除罪恶感、解除罪恶键的一种方法。

先找一个有盖的小盒子，比如鞋盒，把它当作你的"罪恶盒"。在一周当中，每天记下所有对你施压，让你觉得有罪恶感，你也清楚其不公平和控制性的评语。把它们分别写在不同的纸上，放进这个盒子里。

一星期过后，把这个盒子包裹好，寄件人的位置写上那个让你有罪恶感的始作俑者，收件人则写上你自己。接着，在这个包裹的正面，以大大的红字写下"退回寄件人"。然后，你可以加上各种你喜欢的仪式，最后用你觉得最爽的方式丢掉这个包裹。你可以把它埋在院子里、烧掉，丢进垃圾桶，或用车把它压扁。重点是，你不用再签收不属于自己的"罪恶包裹"，既然它不属于你，就把它退回去。

矛盾疗法

虽然承受了很大的压力，伊芙还是以一种富有同情心的和缓方式离开了艾略特。她定了一个与艾略特分道扬镳的日期，留出了足够时间，替艾略特找到一位助理接手自己的工作。她还提醒艾略特的家人，他现在的心情已陷入谷底，要他们多注意他，并为他寻找专业的心理辅导，他们也答应了。

但是我知道伊芙仍然无法轻易摆脱罪恶感，即使她已经有了很大的进步。之前，她曾暂时搬回去跟母亲住，让生活有了不小的起色，还出去找过工作。然而只要艾略特一打电话来对她软磨硬泡，她就会重新回到迷雾中，再度陷入迷惘。

我将一把空椅子放在伊芙面前，要她想象艾略特正坐在上面。接着，我要她跪在想象中的艾略特面前说出以下这段话："我知道你没有我不行，所以我绝对不会离开你。我回来了，不会再离开了。为了你，我会放弃所有的梦想、愿望，甚至我的生活。我别无所求。我会永远照顾你。"

伊芙瞪着我，好像我疯了一样。"你在开什么玩笑？"她大叫，"我永远不可能那么说的！"

"照做就是了。"我说。

伊芙心不甘情不愿地照做了，但是才说到一半，她就停了下来："等一下，这太荒谬了。我知道自己心很软，但我可不是个白痴。我不会回去的，我要过自己的生活。又不是我让他变成这样的，凭什么要我来弥补他？"

我将这种练习称为"矛盾疗法"，指的是表面上看荒谬，深挖下去却会发现存在一些不争事实的情况。矛盾疗法十分有效，就像我们看到的，那些听来荒谬的话已经对伊芙的心理造成了影响，引起了她的反弹。即使她从未亲口对艾略特说过上面这些话，但是直到最近，她的行为一直在替她做出这种表示。矛盾疗法将她的罪恶感提升到极其荒谬的程度，让她意识到它根本不合理。一旦认识到这个事实，她就有机会摆脱它了。

几个星期之后，伊芙告诉我，她已经在一家广告公司找到了一份入门的工作。跟 5 个月前我第一次见到的那个困窘、无助的年轻女人相比，现在的她可说是完全改头换面了。我问她记不记得曾经告诉过我，如果她离开艾略特，可能会"死于罪恶感"。

"我认识的人中，从来没有人死于罪恶感，我也不想成为第一个。"她说，"我只需要让自己变得更坚强、经济更独立。我有足够的能力养活自己，而我需要的不过是一间单人房和一辆能用的车。有自来水可以喝，有车可以代步，就够了。我觉得自己现在过得很好。"

她过得的确很好。

以想象力对抗罪恶感

珍对姐姐说没法借钱给她，然后困惑地来找我。

> 我知道这样做没错，但我却一直感觉自己做了一个很可怕的决定。一想到姐姐现在正身处困境，我脑子里就全是那些陈腔滥调：家人是你最重要的财产，要学着宽恕与遗忘，毕竟血浓于水，过去的就让它过去吧……她毕竟是我姐姐，现在她有麻烦了，弃她于不顾让我感觉很糟。

珍现在处于挣扎之中，她到底要考虑现实状况，还是要按照人之常情来行事？就好像她在应付卡罗尔的这么多年间学到的东西，仍然不够深入她的内心，让那股罪恶感释怀一样。

当我们的潜意识在抗拒一些积极的转变时，我发现，这时用比喻和故事的方法，会比传统的谈话治疗更有效。为了帮助珍理清自己的想法，我要她以她和姐姐之间的关系写一个童话故事。"这个故事一定不太好听，"她讥讽地说，"我要怎么开始？"

我要她写下任何她想写的事情，但要运用童话的语言和意象，并使用第三人称。这个故事的结局就算不美好，至少也要带有希望。

珍写下的故事非常特别，我希望跟大家一起分享。

> 很久很久以前，有两位小公主。其中一位公主非常受国王疼爱，衣柜里满是美丽的衣裳和珠宝。她总是用金色的马车代步，想要什么就有什么。另一位小公主则是皇后的最爱，她很聪明、勇敢，但因为姐姐总是在国王面前说她的坏话，她什么也没有。所以，小公主穿的是被娇惯的姐姐不要的衣服，想要些玩具或红萝卜喂她的小马时（她只有小马，没有马车），换来的也只是父亲的一句："去跟城里的商人学点本事吧！"这是国王对"去找个工作"的委婉说法。

于是，这名可怜的小公主便开始替城里的一位珠宝匠工作，这位匠人教她如何做出漂亮的东西，对她的天分和勤劳赞不绝口。

两位公主长大成人之后，一直衣食无缺的公主嫁给了一名相貌英俊但游手好闲的无赖。这个男人不介意公主不会做饭也不会工作，因为他看上的是她的钱，他想用公主的财产来投资房地产。没多久，公主的珠宝都被花光了，而夫妻俩也被迫上街乞讨。对这位公主来说，这真是天大的耻辱。

同时，另一位小公主仍然在辛勤工作，并在事业上取得了成功。那位仁慈的珠宝匠在年事已高后，让公主接手了自己的店，公主能做出全国最美的皇冠和戒指，声名远播。现在，她有了自己的珠宝品牌"公主珠宝"，对自己的成就也非常自豪。生命中唯一令她难过的事，就是父亲和姐姐在她小时候曾经残忍地对待她。

因此，当那位自私的公主找上门来，请求小公主给她一点珠宝，让她的马车和城堡免遭充公时，这位小公主面对着一个难以抉择的困境。"请你帮帮我吧！"自私的大公主向妹妹乞求，"我知道自己过去对你不太好，但只要你愿意把辛勤工作的所得分我一些，我就会做一个好姐姐，重新跟你亲密起来。"

这位辛苦工作的小公主想相信姐姐，也很希望和姐姐搞好关系。但是，姐姐从来没有对她好过，她很担心姐姐根本没有变。她想理清自己的思路，便决定去树林里走一走。她看到了一片水晶般清澈的池子，便在池边坐下，看着自己的倒影问道："我应该怎么做？我到底应该怎么做？我知道姐姐一定会浪费掉我给她的一切，但我渴望一份来自姐姐的爱。"说着说着，她的眼泪滴进了池水，激起了一些小小的涟漪。等池水恢复平静后，她发现池中自己的倒影竟然变成了好朋友的面孔。

"你是有姐姐，"她的好朋友说，"但我比跟你有血缘关系的姐姐更爱你，你永远不会失去我这个家人。"

勤劳工作的公主终于明白了这个道理。她回到家之后，便告诉姐姐："你不能从我的珠宝店里拿走任何东西，你拥有的一切都被你挥霍掉了。我曾经希望我们能变得很亲密，但我们没有，以后也不会有任何改变——就算我给你这些珠宝，也改变不了这个事实。"

写完这个故事之后，珍变得信心百倍。

　　我终于看清事实了！我姐姐从来没有改变过，也不会改变，一千美元什么作用都没有。从小时候开始，卡罗尔就抢我的东西，撒谎诬陷我，让父母对我有很大的误解。我跟她从小关系就不好，以后很可能也不会改变。但写出我们真实的关系以后，我感觉爽快多了。我跟两位好友的关系比家人还亲密，超过了我跟亲姐姐的情感。现在我什么东西都没有失去——除了沉重的罪恶感以外。

　　用第三人称来描述这个故事，能让珍保持一些情感上的距离，也让她更能看清与姐姐间的关系。用童话的写法来写这个故事，能通过创造性和幽默感——对抗罪恶感的最佳利器——释放她的想象力。罪恶感很沉，想象力却很轻，即使是最阴暗的感受，都能在想象力的激发下被释放出来。

　　如果你对一段关系有罪恶感的话，我鼓励你以这种童话体裁写下一段属于自己的故事，这会让你对这段关系有更深入的了解。当你描写家人时，这种方法尤其有效，你也可以描写朋友或伴侣（很久很久以前，有一对国王和王后。国王只要稍有不如意，就会走进森林里生闷气……）。你会对故事展现给你的真实情况感到惊愕和喜悦，当罪恶感蒙蔽了你的双眼时，这种故事会让你看清现状。

　　在这一章中，我介绍了很多知识与技巧，有的可能激起一些强烈的情绪反应。你可能会因为自己在一段亲密关系中失去安全感而伤心，或对情感勒索者对你的贪婪索取感到愤怒，也可能因为自己一直委曲求全而生自己的气。这些技巧甚至可能唤起你们童年时的一些未完成的遗憾。

所以，对自己好一点，注意倾听自己内心真正的感受。一旦感到力不从心，不妨寻求心理帮助，或是向亲密的家人、好友寻求支持。记住，你不必在未来的 24 小时内完成这一切，而是要用自己的步调前进，并选择适合自己的方法。我可以向你保证，所有努力都将是值得的。

▌ 尾声 ▌

　　行为改变很难直接达成，更不能一蹴而就。当你将学到的这些技巧整合入日常生活时，你会发现并不是每次都能成功。你会犹豫，会害怕，你必须不断尝试，有时候会失败——每个人都是这样的。然而，就是从这些成功与错误的经验中，你才能不断学习到新的东西。

　　要记住，你现在做的事就像在攀爬一座山头，只不过从来没有人能登顶。没有人总能迅速、及时地对他人的压力与威胁进行妙语连珠的反击。所以，对自己好一点，别太苛责自己。当你在攀登这座名为"改变"的山头时，你可能会看着前方，想着："天啊，前面还有那么远的路要走！"但是，别忘了回头看看你的起点，你已经走过好长一段路了。

改变的神奇力量

　　只要你不再坐等别人的改变，转而从改变自我行为着手，你会发现，奇迹是真的会发生的。使用前面学到的任何一项技巧，都会给双方的关系带来或多或少的改变。让我们看看丽兹和迈克尔。

　　"你知道迈克尔的改变有多大吗？"丽兹有一天问我，"我之前都觉得他是变不了的。"

　　"是谁先开始的？"我问丽兹。

　　"我想是我吧，"她说，"一开始你说你的方法有用时，我其实是怀疑的。但现在我明白了，要是我没有做任何改变的话，我们的婚姻早走到尽头了。"

　　丽兹打开皮包，拿出一沓折起来的信纸，她笑得很开心："这是迈克尔在接受咨询治疗时写的，他要我也拿来给你看一看。"

这真是一封令人印象深刻的信！

我心中的那位情感勒索者：

你好。

我有些话想跟你聊聊，希望你能专心听听这件对我来说非常重要的事。

有很长一段时间，你无疑是造成我许多麻烦的根源。直到丽兹与我的治疗师约翰点破了这一点，我才明白究竟是怎么一回事。现在我搞清楚了，你跟我也该开诚布公地好好谈一谈了。

因为你的存在，我造成了许多紧张与不愉快的状况，更让自己受到了很大的伤害。我竟然笨到相信，只要我逼着妻子凡事顺从我，一旦她稍有不从，我就使出惩罚的手段，这样的我就是个强大的控制者了。而这几乎让我失去了自己所爱的一切。我非常后怕，也对你的存在感到愤怒。

我很惊讶自己竟然这么迟钝。想到自己曾经望着妻子的眼睛严苛、残酷地对待她、贬损她，还以为自己是在纠正什么错误，我就充满了悲伤，我为自己曾经伤害了她，浪费了时间，亏待了我们的感情，错误地表达了与内心完全相反的情绪，以及没有尊重世间最重要的东西——人类的尊严与独立性而感到痛悔。

情感勒索先生，我要你了解，现在你在我心里已经没有立足之地了。我绝不会让步的，我不会再容忍你的存在了。

我知道这并不容易，因为我还有很多事要学，很多习惯要改，很多对担心自己显得软弱的恐惧要克服。但是，以前我也完成过比这更艰难的挑战，意义还没有这个深远，因此，我会努力完成这项任务的。我想说的是，你的好日子过完了，从今以后，一切都会不一样了。

　　再见。

迈克尔

就像许多情感勒索的受害者一样，丽兹也曾相信只要她顺从迈克尔，就能换取稳定的生活。然而她并不知道，这样做其实是在强化让她和迈克尔渐行渐远的那股力量。不过，只要丽兹改变回应迈克尔的方式，她和迈克尔便有机会变回他们梦寐以求的亲密关系。

"我只能说，如果这种转变能够发生，那我就相信奇迹真的存在。"丽兹说，"最棒的是迈克尔不但回来了，我也找回了真实的自我。"

我不敢保证你只要照着做，就能获得对方意想不到的回馈。然而，即使你周围的人没有明显改变，你自己也会改变，你的世界看起来也会不同。你将会了解，只有在你屈服之下才能够持续的亲密关系，对你的人生根本毫无益处。

回家吧

当你能冲破迷雾，拒绝情绪虐待，那种生活恢复正常的美好感觉就会回来了。从前占据你心中的困窘与自责，也将被一种自信与自尊的全新感受取代。

在你学习及利用一些技巧抵御情感勒索者的威胁时，你其实是在重塑你存在的核心——自我完整性。你曾以为失去了它，为它哀悼，但其实它从未消失，只是被你扫到了无人记得的角落。

它，一直在等着你。

出版后记

对很多人来说，情感勒索都不是一种陌生体验，甚至有不少人听说过这个概念。它正是由本书作者苏珊·福沃德定义的。情感勒索的阴影，常常在当事人浑然不觉的情况下，渗透进亲子、婚恋以及其他类型的亲近关系，成为用来索取时间、精力和关爱的扭曲手段。情感勒索的双方都对其负有责任，因为情感勒索的发生，是勒索者和受害者的心理弱点共同作用的结果。福沃德认为，情感勒索的危害性并不在于受害者实际上答应了勒索者的什么要求，而在于受害者自我完整性的损失——一段健康关系，应该建立在互相关爱、替彼此着想、希望对方更好的基础上，否则对双方都是有害的。

福沃德指出了情感勒索的过程、情感勒索者的分类、让我们易于向情感勒索者屈服的原因以及情感勒索者的常用伎俩。更重要的是，她还给出了详细、扎实、可操作的解决办法。你能从书中读出，她对情感勒索受害者的同理心和帮助他们的强烈愿望，这也让本书充满了浓郁的人文关怀气息，读起来就像在和一位慈爱的长者交谈。

如果你在生活中饱受情感勒索的纠缠，本书能教你如何科学、理性地终止亲近的人对你的伤害；如果你享有健康的人际关系，本书能为你打一剂预防针，告诉你如何迅速识别可能危害你完整自我的行为。

服务热线：133—6631—2326　188—1142—1266
读者信箱：reader@hinabook.com

后浪出版公司
2018 年 5 月

图书在版编目（CIP）数据

情感勒索 /（美）苏珊·福沃德著；杜玉蓉译 . --
成都：四川人民出版社，2018.6
ISBN 978-7-220-10766-5

Ⅰ . ①情… Ⅱ . ①苏… ②杜… Ⅲ . ①心理学—通俗
读物 Ⅳ . ①B84-49

中国版本图书馆 CIP 数据核字 (2018) 第 078487 号

EMOTIONAL BLACKMAIL: When the People in Your Life Use Fear, Obligation and Guilt to
Manipulate you
Copyright © 1997 by Susan Forward
Published by arrangement with HarperCollins Publishers.
本书简体中文版由银杏树下（北京）图书有限责任公司出版。

四川省版权局
著作权合同登记号
图字：21-2018-279

QINGGAN LESUO
情感勒索

著　　者	［美］苏珊·福沃德　唐娜·弗雷泽
译　　者	杜玉蓉
选题策划	后浪出版公司
出版统筹	吴兴元
编辑统筹	王　頔
特约编辑	刘昱含
责任编辑	王其进　熊　韵
装帧制造	墨白空间·陈威伸
营销推广	ONEBOOK
出版发行	四川人民出版社（成都槐树街 2 号）
网　　址	http://www.scpph.com
E – mail	scrmcbs@sina.com
印　　刷	天津翔远印刷有限公司
成品尺寸	165mm×230mm
印　　张	17
字　　数	228 千
版　　次	2018 年 10 月第 1 版
印　　次	2018 年 10 月第 1 次
书　　号	978-7-220-10766-5
定　　价	45.00 元